北京世纪文景文化传播有限责任公司 出 品

马志英 著
《名医话养生》节目组 编

名医话养生

老马识“毒”

上海科学技术出版社

目录 | Contents

下篇 严判外食六色菜

序一　了解食品安全，才能吃出健康

2012 年秋，上海电视台《名医话养生》节目邀请我做专家嘉宾，做一个有关食品安全话题的专场。一开始我有两点怀疑：一是养生类的节目讲食品安全是否合适；二是重视养生的观众是否会同样重视食品安全。节目播出后的收视率出乎意料的高，反映出大家对食品安全话题的关注度很高。从科学角度分析，离开食品安全的基础要求，养生健康从何谈起。而且现实生活中确实发生过这样的案例：有的人因为忽视食品安全、片面追求养生，热衷于一些伪专家吹嘘的所谓养生“秘方”“偏方”，一时绿豆、泥鳅身价顿升，养生不成反害身；也有的人忽视食品本身的质量安全，过分讲究食疗和营养，如大量吃香菇、猪肝、海产品等，结果因摄入某些食品中的有害成分过多而致病。

出于对食品安全科普宣传的重要性和必要性的认识，从 2013 年 1 月起，上海电视台新闻综合频道的《名医话养生》节目新开设了“老马识‘毒’”栏目，针对老百姓日常生活中遇到的食品安全问题，介绍怎样识别食品中可能有的危害，具体涉及肉、禽、蛋、菜和油、米、酱、醋等各类食品，讲解最实用的鉴别质量安全知识，其中各种鉴别的小实验最为大家喜闻乐见。播出一年后节目得到各方面的好评，有的观众每场都记下笔记，有不少观众反映来不及记录节目的知识内容，要求把其中主要内容写成文字出书，以便今后对有些实用性强的知识可以查阅。为满足大家的需求，我们特别加快速度出版了本书。在节目内容的基础上，本书增加了不少知识性内容，力求更为科学化和系统化，并配以丰富的图片，使得有些实验方法更为通俗易懂，以便读者对照亲自动手实验。

本书结合当前市场上出现的种种食品安全问题，按肉、禽、蛋、果蔬、粮油、水产品、牛奶、茶叶等食品种类为主题分别进行详细介绍，创新地以食品风险评估和食品风险交流的科学观点，把每种食品中可能出现的危害风险告诉读者，以生动实例介绍各种食品选购的注意要点，以简易快速的检测实验来介绍食品质量辨别方法。

你将会发现书中有许多“家庭厨房小实验”，这是本书的独创点，它以科学原理为基础，图文并茂地将一些简易快速的检测方法告诉大家，这些方法的材料和器具都是每个家庭容易置备的，便于读者掌握识别假冒伪劣食品的实用方法，借此防范食品中可能出现的危害。其中有些方法是作者的原创，希望得到更多同行的支持和补充。

以下几个观点贯穿全书，在这里特别强调一下：

1. “利”与“害”

食品给人类带来的“利”毋庸置疑，从养生的饮食观点来看，大多偏重于食品有益的一面，而往往忽视任何食品在一定条件下都有不利的一面，“老马识‘毒’”所谓的“毒”，正确地理解应该为“危害”。“是药三分毒”已为大众所理解，我曾提出“为食一分害”的观点，有人认为太耸人听闻，细想一下则不然。这里所谓的“害”是广义的“危害”，现在的食品不可能百分之百安全，其中有食物中天然存在的危害，如各种生物毒素和过敏原等；有在食品生产加工中人为带来的危害，令人发指的是为牟利而有意加入的有害物；也有生产控制不严而无意带来的危害，尤其以微生物危害为主。至于是一分害还是几分害，要看具体数据。中国食品质量抽查合格率2005年为80.1%，2012年为95.4%。2012年全国抽查合格率：水产品 96.9%，豆制品 94.3%，食用植物油产品 93.9%，食糖 91.8%。当然不合格不等于有害，同时抽查合格率不代表实际合格率，只是说明一个问题：现在食品质量大部分还是安全的，不要怕得什么都不敢吃；同时也不要认为食品可以做到百分百安全，要小心防范其中的危害。据美国疾病预防控制中心按年均估计，每 6 个美国人中就有 1 个感染食源性疾病，即每年约有 4800 万美国人感染食源性疾病，其中约有 12.8 万人入院治疗，而有约 3000 人死于食源性疾病。我国没有这方面权威的统计数据，但可以想象一下，假如按 16% 的比例计算，我国每年感染食源性疾病的就有 2 亿多人，太惊人了。所谓食源性疾病就是通过摄食而进入人体的有毒有害物质（包括生物性病原体）等致病因子所造成的疾病。从这点来看“为食一分害”并不为过。

2．“测”与“选”

要郑重说明的是，本书所举例的“家庭厨房小实验”中的测试方法，都只能作为生活中挑选食品的一般参考方法，并不是国家认可的标准方法，正因为快速简易，所以它的结果精确度和正确性有局限，不能作为判断食品质量安全的法定依据。真正要判定食品质量安全，指标的检测还是必须按国家标准方法进行，现在网上流传的许多对食品质量的简易测试和判断方法良莠不齐，也有不少是错误的。本书只是做一下尝试，为普通百姓提供一些挑选食品的参考方法，其实难度很大，也可能有不完善和错谬之处，还请专业人士指正，也很想呼吁专业人士提供更多更好的方法。

3．“多”与“少”

有些养生宣传往往提倡多吃些什么，本书反其道而行之，提倡少吃些或不吃些什么，其实有时少吃比多吃更养生。要讲究“六多六少”，就是“多品种，少总量；多吃鲜，少吃腌；多吃淡，少吃盐；多果蔬，少油糖；多早餐，少晚餐；多吃多病，少吃长寿”。

比如有人说香菇有抗癌和预防心血管疾病的好处，但也要预防有些香菇可能存在镉含量高的危害：有人说猪肝含铁高可补血，但要预防它可能也存在有害物积蓄的危害；有人说深海鱼对健康有益，但大型食肉性深海鱼往往有含汞高的危害；还有人说鱼头补脑营养丰富，但鱼头往往可能会累积较多的有害物。有人会质疑：“照此说什么都不能吃了。”非也，什么食品都可以吃，但要注意一个量的问题，不要片面看一种食物的有益面而大量吃，那样往往会被其有害面所误；也不要把食品看作药物期望能治好疾病，红葡萄酒治不好心脏病，牛奶也治不了骨质疏松和失眠。

什么食品都可以吃，但要结合自身的情况，有“三高”人群，尽量少吃“三高”食品（高糖、高钠、高脂）；孕妇不要多吃海鱼；孩子不要多喝果味饮料。其实从营养和安全角度看都提倡膳食的均衡和多样化，每天吃的品种多一些，但每一种食物的量和一天吃的总量要控制。食品安全讲求量效关系，毒性和剂量相关，我们保证不了吃的食品都没有危害，我们能做的只是把风险分散一下。可能你吃的某种食物中含有毒物，但吃的量不多，也不会危害你的健康。不要偏食，即使是再纯净的水，盯着喝也危害健康。

本书是在《名医话养生》节目组团队集体的合作努力下完成的，从书籍出版策划、内容撰写到图片拍摄，整个过程中无处不留下了节目组每一位成员的心血，对大家的努力合作和贡献，谨表衷心的感谢！

马志英

2014 年 6 月

序二　我们为什么请老马来识“毒”

从“敌敌畏金华火腿”到“苏丹红鸭蛋”，从“瘦肉精猪肉”到“三聚氰胺奶粉”，不知从什么时候开始，每年都会有几起骇人听闻的食品安全事件，让人们记住一些晦涩难懂的专业名词。而如果你看见过摆放了满满一货架、如蜂窝般密密麻麻的各品种添加剂，更是会在每次吃东西前都想一想：这个到底能不能吃?

作为一档关注民生健康的金牌电视节目，《名医话养生》一直致力于为观众打造优质生活，而健康生活的前提是安全，提高大家在食品安全方面的健康素养，可谓善莫大焉。基于这个原因，栏目组一直在考虑，从每周一到周五播出的节目中抽出一天，专门讨论食品安全的问题，机缘巧合，“老马”出现在我们的视野中。

说实话，之前也曾经考虑过许多人选来承担这样一个重磅嘉宾的角色，但恐怕没有一个人比“老马”更能胜任。身为教授级高级工程师，又是上海市食品协会专家委员会主任、上海市食品研究所技术总监，“老马”长期从事食品生化、食品工艺和食品安全方面的科研工作，主持完成国家和省部级的十多项重大科研项目，更获得过多项国家发明专利以及国家科技部和省市级科学技术奖。“老马”的权威身份已经毋庸置疑。更为难得的是，“老马”有非常强烈的意愿，将食品安全的专业知识，以通俗易懂的方式推广到普通百姓的家中，而这正是与栏目组最为一拍即合的地方。于是从 2013 年 1 月开始，《名医话养生》为“老马”度身定制了每周五播出的“老马识‘毒’”。

一年半的时间，累计起来，“老马”已经做了 70 多期节目，可以负责地说，每一期“老马识‘毒’”都凝聚了“老马”和《名医话养生》栏目组全体成员的心血。因为，我们总是在寻找观众最需要了解的知识作为选题，而每一次观众在电视上看到的内容，特别是那些简单易操作的实验，都是编导们经过无数次核实与考证后呈现出来的。我们的目的只有一个，就是希望通过我们的节目，为您和您的家人竖起一道食品安全的屏障。

至今还记得“老马”有一次十分高兴地告诉我们，他在街上被人认了出来，而我们在与观众的见面活动中，也得到了许多观众对《名医话养生》以及“老马识‘毒’”的正面反馈，这让我们很是欣慰，因为没有什么比我们的努力得到观众的认可更让我们高兴的了。很多观众早就提出，希望我们把“老马”做过的节目都集结成书作为“护身宝典”，我们也应观众要求一直在认真策划，终于在今天，让这本《老马识“毒”》与观众们正式见面。

今年 5 月，国务院讨论通过了《中华人民共和国食品安全法（修订草案）》，可见，食品安全问题已然成为从上到下关注的热点。而在今后的日子中，我们也会和“老马”一起继续努力，为观众提供更多更及时的食品安全信息。希望大家能继续关注。

《名医话养生》栏目组

2014 年 6 月

老马识毒

上篇
细评家厨三顿饭

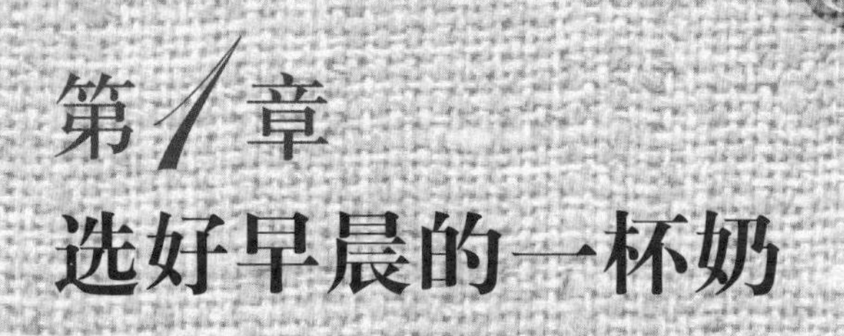

第1章 选好早晨的一杯奶

早起一杯奶，牛奶几乎是我们每天早餐必选的食品。有人会问：什么样的牛奶是好的？好牛奶首先应是安全的，选奶就要选安全奶。牛奶的危害主要来自于细菌、霉菌毒素、非法添加剂、药物和激素等生物或化学的危害。

因此，我们在购买牛奶或奶制品时首先要防范这些危害。

有抗奶

有抗奶中的“抗”是指各类抗生素，“有抗奶”指的是用含有青霉素、链霉素等抗生素的原料奶生产出来的牛奶制品及饮用鲜奶。

奶牛易患乳腺炎，为治疗乳腺炎往往向牛乳房部位直接注射抗生素，经过抗生素治疗的奶牛，在 3 ~ 7 天内分泌的牛奶会残存着少量抗生素。国际通行规定有病奶牛治疗期间及最后一次用药后 72 小时以内的牛奶不能出售，不能作为食用奶原料进行加工生产，也不得将这种含有抗生素的牛奶混入正常的牛奶中，最好在用药 96 小时后制作原料乳。而有些不规范的牛奶厂商不遵守这些规定，是造成牛奶中抗生素残留的重要原因。长期喝这种有抗奶，对抗生素过敏的人就会产生过敏反应，也会使非过敏人群体内富积抗生素，对抗生素类药产生抗药性，影响健康。

老马食品安全攻略

鲜奶如何“保鲜”

(1) 冷藏保存的鲜牛奶在加热饮用的时候要特别注意，如果与紫薯泥相混变蓝了，千万别喝；尽量在打开包装后一次喝完，即使有余留的，也必须紧闭盒盖放入冰箱储存，不要靠近裸放的鸡蛋，以免受到污染。

(2) 打开包装后没喝完的余留时间较长的鲜牛奶，要尽量热透了再喝。如果放久的牛奶加热后与紫薯泥相混变得很红了，说明牛奶已经变质，不能饮用。

家庭厨房小实验

抗生素检测是乳品企业生产发酵型酸奶时的必检项目，因为乳酸菌十分“惧怕”抗生素，如果鲜奶中有抗生素，乳酸菌就无法正常繁殖，鲜奶就无法被发酵成酸奶。抗生素的残留量一般都很微量，因此用一般化学仪器和设备很难在短时间内把它检测出来。那么紫薯有没有神奇的本领将抗生素检测出来呢？我们可以来试试。

右上：不含抗生素的牛奶　右下：含抗生素的牛奶

有抗奶遇上乳酸菌

***准备材料**

电饭煲（酸奶机最好）、微波炉、酸奶菌粉（网上有售）1 小包（1 克）、带盖的小瓷杯或玻璃杯（150 毫升左右）、待检验的鲜奶 100 毫升（约相当于市售小杯酸奶一杯）、食用碱粉约 4 克溶解在 50 毫升纯净水中待用、煮熟的紫薯泥小块（约 50 克）、水银温度计。

＊实验步骤

（1）先将杯子（连同盖子）、勺子放在电饭锅中加水煮沸 10 分钟消毒。取出后将电饭锅断电，保留热水。

（2）往杯子倒入待检验的鲜奶 100 毫升（小瓷杯或玻璃杯七分满），将牛奶放入微波炉加热，控制温度到 40℃。

（3）在温牛奶中加入酸奶菌粉半包（0.5 克左右），用勺子搅拌均匀，盖上瓶盖。

（4）将电饭锅中保留的热水混入冷水，使水温达到 40℃，将杯子放入电饭锅 40℃温水中，盖好电饭锅盖，上面用干净的毛巾或其他保温物品覆盖，利用锅中余热进行发酵。

（5）两小时后，取出杯子，加入煮熟的紫薯泥小块搅匀，再加入几滴食用碱溶液。

＊原理

检验的鲜奶如无抗生素乳酸菌，发酵后会变酸，中和几滴碱溶液后酸性仍很大，会使紫薯的花青素变红，而有抗奶不会发酵呈碱性，使紫薯的花青素变蓝。

＊实验结果

如果待检奶变为蓝紫色，说明奶里含抗生素或防腐剂；如果待检奶变红了，证明待检奶中无抗生素。

小贴士

防范有抗奶——散装奶一般不能喝

散装奶是指直接由奶牛挤出来的生乳。个体散养的奶牛比奶牛场封闭饲养的更易患病，牛奶中是否有病原菌和抗生素残留也无人检测，不排除部分因药物残留而被大公司拒收的奶再次进入散卖的流通环节。

有害奶

有害奶是指那些有食品质量安全问题、会给人体带来不同程度危害的牛奶，如含有霉菌毒素、非食用物质等的牛奶。

2011 年底国内一家著名的乳品公司生产的牛奶中被检出黄曲霉毒素 M_1 不符合标准。黄曲霉毒素 M_1 是什么，为什么会在牛奶中有这种毒素呢？大家都有这样的经验：在闷热潮湿的季节和环境里，食品很容易发霉长霉菌，其中有一种叫做黄曲霉的霉菌，它产生的毒素就被称为黄曲霉毒素，可导致人畜中毒。

根据现代科学发现，黄曲霉毒素 B_1 毒性及致癌性最强。M_1 则是黄曲霉毒素 B_1 的代谢物。黄曲霉毒素多存在于粮食及其制品、坚果类食品中，如发霉的花生、花生油、玉米、大米、棉籽、杏仁、榛子、无花果等。在牛奶中发现有黄曲霉毒素 M_1，很可能是因为奶牛吃了被黄曲霉毒素污染的饲料，在体内黄曲霉毒素 B_1 转化成黄曲霉毒素 M_1，进而污染产出的牛奶。国家标准规定牛乳及其制品中黄曲霉毒素 M_1 不得超过 0.5 微克 / 千克。那次发现的问题产品检测出黄曲霉毒素 M_1 实测值为 1.2 微克 / 千克，超标 1.4 倍。

家庭厨房小实验

一家乳品生产企业在进行设备维护保养时，管道内少量清洗用食品级碱水瞬间渗入流水线上生产的鲜牛奶中。当一个消费者像往常一样用同品牌牛奶做鲜奶紫薯糊时，竟然做出了蓝色的紫薯糊，于是在微博上爆料，怀疑牛奶存在质量问题，由此揭开了一起鲜牛奶生产质量安全事故，最后企业召回了全部问题产品。牛奶好坏，紫薯一验便知。

右上：正常的鲜奶紫薯糊　右下：含碱的牛奶加紫薯后会变蓝

紫薯恋上牛奶

＊准备材料

紫薯，牛奶，水。

＊实验步骤

将紫薯去皮切成小块，加适量水煮熟后，同水一起捣烂成紫薯泥。

＊实验结果

紫薯中的花青素具有“遇酸变红遇碱变蓝”的特性，因此能够用来判断牛奶的好坏。如果买到了前文提到的因质量事故混入碱液的牛奶，或者有些不法奶农为了掩盖牛奶酸败，往里加碱液，这样的牛奶呈碱性，加入紫薯泥后，会变成蓝紫色甚至是绿色。

黄曲霉毒素到底会给人体带来哪些危害呢?

黄曲霉毒素是一种剧毒物质，毒性远高于氰化物、砷化物和有机农药，当人体大量摄入时，可发生急性中毒，出现急性肝炎、出血性坏死，严重者出现水肿昏迷，以致抽搐而死；微量持续摄入可造成慢性中毒，生长障碍，引起纤维性病变；最可怕的危害是它具有强烈的致癌性，主要会诱发肝癌，被称为肝癌的祸首，也能诱发胃、肾、直肠、乳腺、卵巢等部位的癌症。世界卫生组织癌症研究机构将其划定为I类致癌物。黄曲霉毒素的结构相当稳定，裂解温度高达280℃，因此在成品奶加工中，无论是巴氏消毒法还是超高温灭菌都无法将其去除，受其污染的牛奶，只有销毁这一途径。

除了安全，选好牛奶当然还要看营养质量。现在市场上的牛奶可以说是种类繁多，一进超市看到诸如“特仑苏”“强化铁锌牛奶”“美容型牛奶”“活力充沛早餐奶”“闪亮智慧核桃味早餐奶”“益生菌原味酸奶”“多纤酸奶”“有机奶”“营养舒化奶”……品种多达上百种，光从名称上去选购，都不知道应该买哪一种。

有的消费者凭自己口味爱好选牛奶，有人喜欢红枣味、草莓味、芒果味的牛奶；还有人是听了广告选牛奶的，认为小孩选用早餐奶好，老人应该选用舒化奶；另一些人凭自己经验感觉认为保质期长的牛奶是因为防腐剂加得多不能选；爱美的女士要苗条，会关注“低脂”“脱脂”牛奶；当然也有人注重营养，喜欢选择各种“高钙”“强化铁锌”“益生菌”牛奶……

如果在你面前放了巴氏杀菌奶、常温奶、无菌奶、功能奶、低脂奶、脱脂奶、复原奶、高钙奶、早餐奶，你会选哪一种?为什么呢?

巴氏奶

从健康的奶牛乳房中挤出的生乳带有各种细菌，而细菌数量可能会吓你一跳。根据我国的生乳标准，每毫升生乳细菌菌落总数上限高到200万个，一般国际上发达国家的生乳菌落总数普遍为每毫升20万个以下，因此必须对生乳进行杀菌处理。

所谓“巴氏牛奶”，原来是一个名叫巴斯德的法国人，他发明了一种低温灭杀致病菌的方法，把有菌的原料生乳加热到62～65℃，保持30分钟，可杀死牛奶中各种生长型致病菌，残留的只是部分嗜热菌、耐热性菌以及芽孢——这些细菌多数是乳酸菌，对人无害，是有益健康的。

目前规范性生产鲜奶巴氏消毒温度一般在80℃左右，时间仅在十几秒到几十秒之间。

由于巴氏消毒法不能消灭牛奶中所有的微生物，因此产品需要冷藏，最好在4℃以下储存，保质期也比较短，短则三四天，最长也不超过半个月，具体要根据原料生乳的质量、生产包装和储存条件而定。市场上大家昵称为房子牛奶的鲜奶就是此类牛奶，也有把巴氏奶叫做低温奶或巴氏鲜奶的。由于杀菌温度比较温和，在杀灭牛奶中的致病菌的同时，鲜奶还保留了牛奶原有的特质与风味，牛奶的营养成分流失非常有限。不过，也正由于杀菌温度低，鲜牛奶里残留有一定的细菌，它对流通和销售时的温度要求严格，只要在任何环节中冷链断了，就会出问题。在以往的牛奶质量安全事件中也有发现由于流通销售环节温度过高，造成鲜奶变质的质量安全事故。

消费者在买巴氏奶时，一是要看销售点的冷藏温度是否合格，尽量买在超市冷柜中储存温度低的鲜牛奶，尤其不要买小摊小贩在常温下销售的鲜牛奶；二是尽量买离生产日期近的包装牛奶。

常温奶

还有一类是在常温下保质期长的超高温瞬时灭菌牛奶，市场上称为纯牛奶、常温奶的就属于此类。

它是把原料奶经过135℃以上的超高温瞬间加热，然后进行无菌灌装，达到商业无菌的要求。这种牛奶灭菌温度高，优势是保质期长，大部分产品能在常温下储存3个月以上。由于不需冷藏，销售半径大、储存方便。缺点是营养损失较多，乳清蛋白和可溶性的钙、磷等要损失一半左右，维生素的损失就更多了。

每类产品都有优势和劣势，选择哪类牛奶就看适合哪一类人，所以，在保质期短的巴氏消毒牛奶和保质期长的高温灭菌牛奶这两类产品的选择上，主要还是应该根据自己喝牛奶的要求和习惯。

如果你对营养的要求高，每天或隔天都会购买牛奶，觉得有供应条件、价格也可以接受的话，建议买巴氏消毒鲜牛奶。如果平日工作较忙，没时间去购买鲜牛奶，那么可以选择高温灭菌纯牛奶以备不时之需，外出旅游出差时也方便带。而且，有的人已经习惯了高温灭菌奶的口味，长期积累形成的习惯很难一下子转变。

相对来说，鲜牛奶对于原料的要求较高，价格较纯牛奶高，市场的发展也受到了价格和质量保证的制约。我们可以通过第27页的附图1，看一下两类牛奶的区别。

附图 1

巴氏鲜奶如清洗消毒后包装的新鲜水果，4℃下保质期7天左右

常温奶如水果罐头，常温下保质期6～8个月

VS

巴氏鲜奶		常温奶
在适当的温度条件下消毒处理，杀死牛奶中致病菌，必须在冷链条件下流通。	概述	采用超高温瞬时灭菌处理，达到商业无菌的要求，能在常温远距离下长时间流通。
生鲜原奶	原料	生鲜原奶或加复原奶
（4℃）5～7天	保质期	（常温）6～8个月

乳铁蛋白含量

巴氏鲜奶	1800∶1	常温奶

营养损失率

巴氏鲜奶		常温奶
10%～25%	维生素C	30%～60%
5%～10%	维生素 B_1、维生素 B_{12}	20%～35%
7%～10%	叶酸	30%～35%
2%～10%	可溶性钙	40%～50%
15%～20%	乳清蛋白变性率	50%～90%

无菌奶

有些人会认为，保质期长的牛奶里面添加的防腐保鲜剂比较多，其实并不是这样，实际上通过高温灭菌再加上无菌包装就可以保证牛奶达到基本无菌，可以在常温下放很长时间不会变质，根本不需要放防腐剂，保质期长的牛奶不是在质量安全上存在问题，主要还是营养的损失。针对消费者对安全牛奶的需求，一些商家宣称自己生产的是“无菌奶”。“无菌奶”，这名字听起来就让人觉得安全，可“无菌奶”是不是真的没有细菌呢？

其实，不管是鲜奶、酸奶还是奶粉、奶酪，所有的乳制品多多少少都有细菌，没有绝对无菌的。有些乳制品号称“无菌奶”，其实只不过是“商业无菌”而已，就是牛奶在经过适度的杀菌后，不含有致病性微生物，也不含有在常温下能在其中繁殖的非致病性微生物。所以，就牛奶的安全性来说，关键是看里面有什么菌和有多少菌数。

功能奶

现在市场上有一些厂商宣称的所谓功能牛奶，有的宣称具有补钙、补铁锌等营养功能，也有的宣称适合乳糖不耐受症人群、糖尿病患者群、睡眠不佳人群、减肥人群等。

1. 舒化奶

是为了满足“乳糖不耐受症”或乳糖酶缺乏人群的饮奶需求，有的人一喝牛奶就会有腹泻、腹胀、腹痛等腹部不适，可能就是体内缺乏乳糖酶，通过在牛奶中添加乳糖酶，将牛奶中 90% 以上的乳糖分解成葡萄糖和半乳糖，就可解决乳糖酶缺乏问题，可以让这些不能喝奶的人喝上牛奶。有人可能不太清楚它到底有什么作用，认为有功能就好，其实正常的消费者没有必要选择舒化奶。

2. 舒平奶

舒平奶也是一种功能牛奶，它的组成和配方不仅低脂，还富含吡啶甲酸铬和水溶性膳食纤维，是具有辅助降血糖保健功效认证的新鲜牛奶。适用人群是血糖偏高者，包括糖尿病患者。血糖正常的消费者也没有必要选择舒平奶。

老马食品安全攻略

选购功能奶时要注意

（1）知己——了解自己的健康状况和营养需求，是否真正需要在牛奶中补充一些营养成分或减少脂肪成分等，不要盲目购买功能奶。

（2）知彼——看清所谓的“功能奶”是否正宗，有的具有保健功能的牛奶要有国家保健食品认证，就是要有“蓝帽子”保健食品标识；如适应糖尿病患者群的牛奶是保健食品，买的时候要看看有没有国家保健食品认证的标识；有的牛奶宣称高钙、补铁锌等营养功能，要看看它到底有多少营养成分含量。

低脂奶和脱脂奶

一直有争议说低脂奶和脱脂奶到底好不好，能不能减肥。

先以数据说明问题：如果一个人每天喝一袋250克的全脂牛奶，脂肪含量一般为3%左右，摄入的脂肪为7.5克，市场上的低脂奶（半脱脂奶）一般比普通牛奶减少50%的脂肪含量，就是含脂肪1.5%左右，全脱脂奶含脂肪0.5%左右。按一人一天牛奶量计算，喝低脂奶摄入的脂肪为3.75克，脱脂奶摄入的脂肪为1.25克，也就是说喝全脂奶只不过比全脱脂牛奶多摄入6.25克脂肪，相当于炒菜时多加一牙膏盖量的油，一小块肥肉丁，3～4块（36克）曲奇（脂肪含量17%）。

我国成年人每天从日常饮食中摄入的脂肪达70克左右，牛奶中脂肪占比为10%，比较合理，一般人脂肪摄入占比较大的为食用油、肉类等，如要减少脂肪，倒不如从这些食品中减。据调查，我国大部分人群一天的食用油消费量都达到46～56克，已经远远超出世界卫生组织推荐的食用油每天25克的摄入量，因此要提倡做菜时少放些油，想喝低脂奶来减少脂肪摄入，不是个聪明的好主意。

一般健康成人和少年儿童并不需要选择脱脂牛奶，喝全脂牛奶更好，因为牛奶中的维生素A、维生素D、维生素E、维生素K都在脂肪里，它们都是维护人体健康必需的营养。牛奶脂肪还含有多种有益健康的物质，特别是其中的共轭亚油酸可以防止动脉粥样硬化，是一种天然减肥成分，放弃它就好比倒洗澡水连孩子都倒掉了，岂不可惜。

此外，牛奶的奶香成分全部存在于乳脂当中，脂肪越多奶香越浓，脱脂奶淡而无味。新鲜全脂奶美味又营养，所以普通消费者选它没错。如果有医嘱要求喝脱脂奶，而每日饮奶数量又达两杯以上，则可考虑脱脂奶。另外，有些特殊人群如过度肥胖者、高血脂、糖尿病患者适宜饮脱脂牛奶。爱美的姑娘要减肥，不要减牛奶中的脂肪，因为里面有天然减肥成分，真正要减少的是零食、蜜饯、西式甜点等。

复原奶

复原奶又叫“复原乳”或“还原奶”，它是将奶粉添加适量水勾兑还原成与原来鲜奶中水、固体物比例差不多的乳液。但“复原乳”与鲜奶的营养成分有差异，“复原乳”在经过两次超高温处理后，营养成分有所损失，营养价值上不如巴氏消毒鲜奶。

老马食品安全攻略

怎样识别复原乳

看包装标签上的标识——按国家标准规定凡在灭菌乳、酸牛乳等产品生产加工过程中使用复原乳的，不论数量多少，在其产品包装上紧邻产品名称的位置，一定要用汉字醒目标注“复原乳”，并在产品配料表中如实标注复原乳所占原料比例。国家标准还规定了巴氏奶也就是鲜牛奶不允许使用复原乳。

高钙奶

1. 看看有多少钙

普通牛奶中的钙含量为 90 ～ 120 毫克 /100 毫升，按标准规定如果声称“高钙奶”，就要比普通牛奶多 30% 的钙，高钙奶的钙含量应该为 117 ～ 156 毫克 /100 毫升。按国家《预包装食品营养标签管理通则》规定，只有当 100 毫升液体食品钙含量≥ 120 毫克时，才可以标注“高钙”。但牛奶中本身的钙含量就比一般食物要高，再加钙要解决高钙奶存在的沉淀、絮凝和乳析等技术难题，否则钙也加不多。

有调查发现，有些号称高钙奶的产品，其钙含量和普通全脂牛奶的差距不一定能达到 30% 以上。按规定高钙奶的钙含量应该比普通牛奶要多 27 ～ 36 毫克 /100 毫升，但实际上有的高钙奶的钙含量仅比纯牛奶多了 2 ～ 10 毫克 /100 毫升。

2. 看看加了什么钙

目前市场上标称的高钙奶产品，是在天然牛奶中又添加了外源的钙，这些钙源大致分为天然乳钙、化学合成钙等几类。其中，天然乳钙是以新鲜乳清为原料，通过过滤、浓缩、喷雾干燥从牛奶中提取的，是一种较好的天然钙源，其含钙量高、溶解性好，尤其是具有良好的生物利用率。1 克乳钙需要从至少 1 千克以上的纯牛奶中提取制得，所以成本较高。还有的是普通的化学合成钙，较多是加碳酸钙，其成本仅为乳钙的 5%～ 15%，所以有些厂商为追求利润乐意加化学合成钙，但这些钙在人体内的吸收效果并不理想，而人为添加的钙吸收率很低。

现在大家都知道要补钙，不但给自己补、给家里的老人补，更忘不了给孩子补，一些家长为了给孩子补足钙，干脆就让孩子喝高钙奶。其实这样做并不明智。

众所周知，婴幼儿身体所需钙质的最主要、最好的来源是奶。一般地说，如果孩子是母乳喂养，在母亲没有严重缺钙的情况下，婴儿通过母乳就已经可以得到比较充足的钙源了。当婴儿添加辅食以后，母乳中的钙含量尽管降低，但是添加的辅食也可以为孩子补充一部分钙源。对于人工喂养的孩子来说，高钙奶中的磷沉积较高，这会导致钙的吸收率降低，大量不能被吸收的钙从肾脏排出。另外，钙和锌、铁的吸收是呈竞争性的，也就是说当钙太多时，会导致锌、铁的吸收减少。因此，如果孩子没有其他消化道的问题，他所能获得的钙源应该是充足的。家长再让孩子喝高钙奶，结果得不偿失，反而为孩子的身体带来不必要的负担。如果孩子每天能摄入足够的奶制品，再辅以适量的维生素 D 及足够的户外活动，一定可以健康成长。

早餐奶

早餐奶其实不是纯乳制品，实际是添加了水、白砂糖、麦精、花生、核桃、蛋粉、燕麦等成分的含乳饮料，还有稳定剂、铁强化剂、锌强化剂，还可能有香精。值得一提的是，其中有一些的包装上，往往用大字写着“活性奶”“鲜牛奶”等模糊名称，仔细看才会发现旁边有一行小字“含乳饮料”，而个别产品连这行小字也没有，消费者在购买时需看仔细后再买。

有的早餐奶标注含有蛋白质 2.2%、脂肪 2.6%。计算一下就知道，一盒 200 克的早餐奶中仅含蛋白质 4.4 克，而普通

200 克的纯牛奶蛋白质有 3%，含蛋白质达 6 克，差距一比就出来了。

一包 200 克的早餐奶热量与早餐需要的热量相差甚远，何谈营养 100 分呢？有些孩子一早上课来不及吃早餐，家长就让他们带上一盒早餐奶；有些白领青年早上来不及吃早饭，往往喝一盒早餐奶了事。把早餐奶当早餐，长此以往是有问题的，最大的问题是缺少蛋白质。

含乳饮料的广告中常常出现“多种营养素”“维生素”“营养组合”“益菌因子”等词语。有些人非常相信这些宣传，其实是被误导了。含乳饮料中不仅含有牛奶，还添加了果汁、谷物等东西，营养“种类”确实比单独的牛奶或者果汁要多，但关键还要看各种营养成分的“百分比含量”。

含乳饮料每一种营养成分的含量可能都会远远低于同量的果汁或者牛奶。消费者要想选择真正营养价值高的产品，最好还是看营养标签。

所以早餐奶的营养并不均衡，只能在吃不了早餐的时候作为应急，不能长期替代早餐。

小贴士

乳蛋白越高牛奶越好吗

乳蛋白就是牛奶中的蛋白质，大家在买牛奶时会看包装上的标签，一般都会注明蛋白质和脂肪含量。有人说：“选牛奶，蛋白质越高越好，脂肪越低越好。”对不对呢？

蛋白质、脂肪含量是非常有用的指标，是牛奶内在品质的反映。一般地说，牛奶蛋白质含量高一点，的确说明质量好一些，如果价格在合理的范围内，可以选择购买。尤其是不靠浓缩等手段提高蛋白质含量，而完全是由于原料生乳蛋白质高的牛奶，那确实有价值。

2010 年 3 月生乳的国家食品安全标准发布后，引起反响最大的指标之一就是蛋白质含量。现在定的生乳蛋白质含量为≥ 2.8 克 /100 克，比 1986 年标准定的 2.95 克还要低，因此有“倒退”之说。

其实蛋白质标准定低也是我国生乳生产实际的反映。据农业部调查，2007 年和 2008 年夏季，北方一些省份生乳蛋白质含量低于 2.95 克 /100 克的比例分别达 75% 和 90%。国际上发达国家的生乳蛋白质含量都为 3.0 克 /100 克以上，我国也有部分地区的生乳能达到。

蛋白质含量是反映牛奶质量的一个重要指标，但市场上标有蛋白质含量 3.3% 的鲜奶，比标有 2.9% 的价格要高出 30% 甚至是 50%，花高价买这样的牛奶是否划算呢？其实，对于一瓶 250 毫升的牛奶来说，两者只差 1 克蛋白质，仅相当于一个鸡蛋蛋白质含量的 1/6 而已。当然蛋白质含量不是牛奶的一个孤立质量指标，往往还和其他质量指标相关，可能蛋白质含量高的牛奶其他质量指标也高，那就另当别论了。总之是否要买，要综合考虑，决定权在你手里。

家庭厨房小实验

如要从几种鲜牛奶中挑选出好奶，除了看品牌、产地、标签等内容外，好奶要有“二少一高”，就是细菌污染少、抗生素少、蛋白质含量高。怎么判断呢？自己可以做一个小小的检测实验。

乳酸菌识鲜奶

把等量的备选鲜奶分别装在几个干净的瓶子里，用同样的酸奶分别接种后保温放置一段时间。先看哪个瓶子里的牛奶先凝结成固态的冻状，再看哪个瓶子里的酸奶凝结得浓厚结实、风味好、口感好，选择那个结得又快又厚实的，一定没错。

凝结快，说明牛奶里面细菌污染少、抗生素少。乳酸菌非常害怕抗生素，只要牛奶里面有抗生素残留，乳酸菌长得就慢。酸奶凝结得越厚实，说明奶里面的蛋白质含量越高。

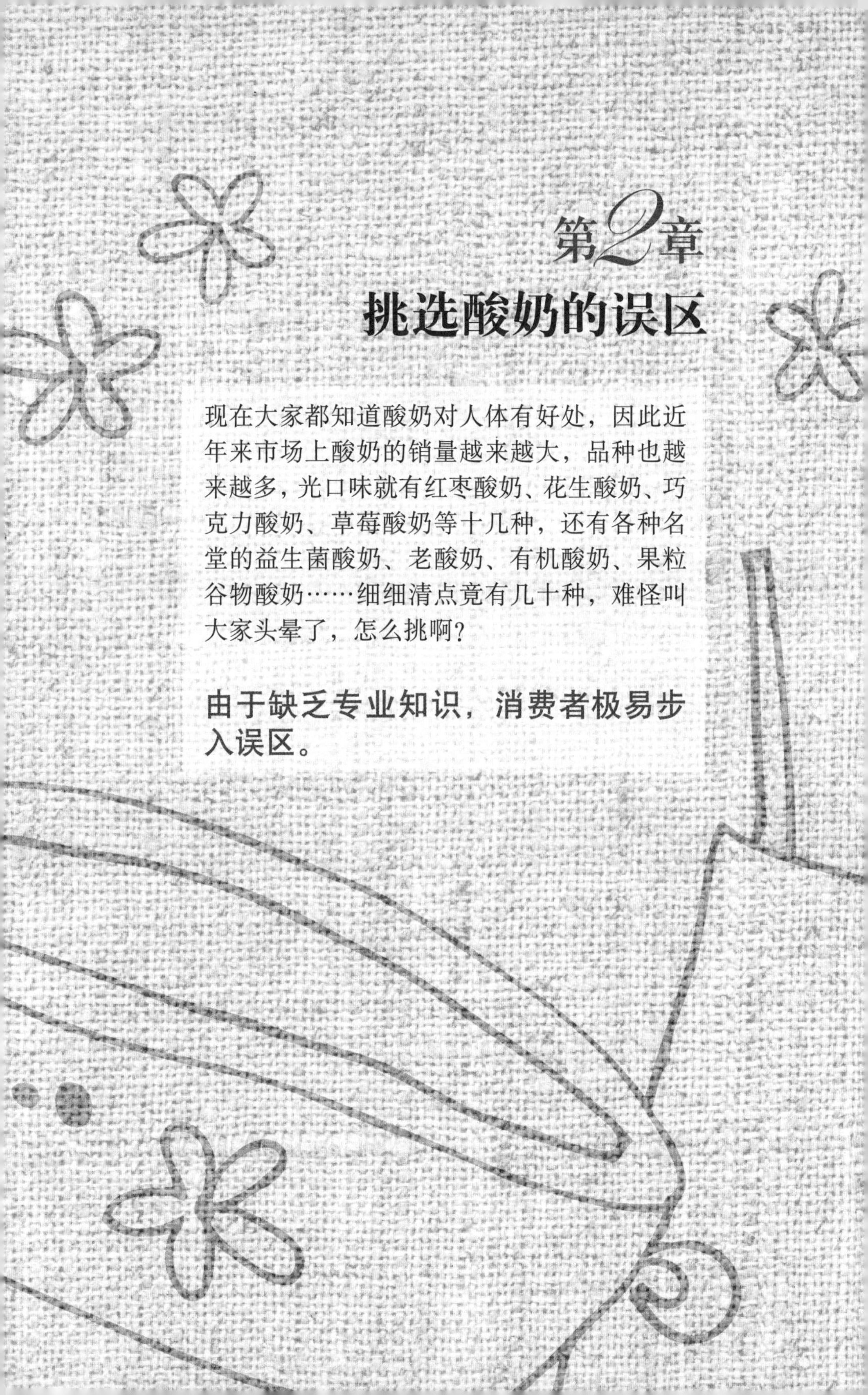

第2章 挑选酸奶的误区

现在大家都知道酸奶对人体有好处，因此近年来市场上酸奶的销量越来越大，品种也越来越多，光口味就有红枣酸奶、花生酸奶、巧克力酸奶、草莓酸奶等十几种，还有各种名堂的益生菌酸奶、老酸奶、有机酸奶、果粒谷物酸奶……细细清点竟有几十种，难怪叫大家头晕了，怎么挑啊？

由于缺乏专业知识，消费者极易步入误区。

“老酸奶”越稠，质量越好吗

有不少中老年人怀念过去吃过的“老酸奶”，白瓷罐里稠稠的，纸盖一封，夏天吃起来倍儿爽。现在超市也有“老酸奶”买了，有人认为肯定比一般的塑料罐酸奶营养好。

其实目前的国家标准中根本没有“老酸奶”的定义，所谓的“老酸奶”，也是生产企业提出的一个商品概念，把传统制作酸奶的概念加到了现代的工业化产品中。真正传统方法制作的老酸奶与工业化生产的“老酸奶”是有区别的。传统方法做老酸奶就是把消过毒的牛奶、糖和菌种加到容器中，保温发酵后牛奶就会变成固态，不用任何凝胶剂，牛奶在乳酸菌作用下自然会变成凝固型的酸奶，但如用力搅拌，酸奶的凝固状态会变成液态，这可以称为真正的老酸奶。而现在超市卖的有些“老酸奶”，是在生产线上在鲜奶中加入菌种、调味剂、明胶一类的增稠剂搅拌后，独立装在塑料罐里单杯发酵，达到均匀凝固的状态。

为什么要添加增稠剂呢？如果不加增稠剂，塑料罐里的酸奶在运输和销售时由于晃动震荡，均匀凝固状态就会破坏碎裂，甚至变成液态了，所以有些工业化生产的“老酸奶”不得不加增稠剂。

从口感来看，“老酸奶”厚厚的，一勺就是一块，感觉不错，比起普通酸奶黏稠的胶液状来说，更接近传统风味。正因为如此会获得许多消费者的青睐，即使价高也要买。实际上“老酸奶”和普通酸奶的营养差不多，最大区别在于生产发酵的方式不同。

普通酸奶是搅拌型酸奶生产工艺做出来的，先是在大的发酵罐中将牛奶接种乳酸菌发酵剂等，进行保温发酵，等到酸奶凝固后，再加些调味剂或果料等搅拌一下，“调一调”形成均匀黏稠的液态，然后灌在塑料罐内封口就成了。

工业化“老酸奶”是用凝固型发酵工艺生产的。是把牛奶、菌种、糖和增稠剂等所有原料辅料等混合后灌装在一个个塑料罐里，然后封口送入发酵间内发酵定型，形态是凝成固态一块的。为了防止在流通销售中凝固态破碎，让凝结性更好，就加明胶、果胶、琼脂、卡拉胶、黄原胶等食用胶，这些胶都应是国家允许用的食品添加剂，相对安全性较高。

简单地说，普通酸奶是先发酵后搅拌一下装罐的，也叫前发酵酸奶；“老酸奶”是搅拌一下装罐后发酵的，也叫后发酵酸奶。

但从营养性来说，“老酸奶”并不比普通酸奶营养高到什么地方，并不一定是越浓稠营养价值越高。传统制作的老酸奶浓稠厚实，是原料奶的蛋白质高，现在工业化生产“老酸奶”的浓稠厚实可以靠增稠剂调出来，可能与蛋白质含量无关。因此，具体的营养高低还需要看看每种产品标注的蛋白质、脂肪、碳水化合物等具体指标。

酸奶越酸，营养价值越高吗

我们在超市买的一般酸奶产品大多是加糖的，所以喝起来酸酸甜甜的，口味较好。其实真正原味的酸奶酸味较重，大多数人可能不易接受。现在也有不加糖的原味酸奶，还另附上蜂蜜等甜味剂用于改善口味，适合想少吃糖的人群需要。

但不能断言说酸奶越酸营养价值越高，因为酸奶的酸度与菌种和发酵条件等相关，发酵时间过长或温度过高、储存流通时温度过高等因素都会使乳酸菌迅速繁殖而导致酸奶酸度增加，并且超出可接受范围。这样的酸奶口感会很酸，结果乳酸菌活力下降，乳蛋白变性程度增加，不利于人体吸收，也不利于肠胃健康。因此，酸奶并非越酸越好。

酸奶包装上益生菌标得越多越健康吗

在选择酸奶时，不少人会看其中的益生菌。有人会看酸奶配料表中的菌种到底有几种，认为益生菌越多越好；还有人看包装上标的活菌数，觉得数值越大越好。什么 ABSL、LABS 益生菌群酸奶，活菌数达每毫升几千万个，有人认为这说明这种酸奶益生菌的种类和数量不少，肯定对健康有益。然而很多人对益生菌以及它们对健康的真实作用并不清楚。

其实普通酸奶都是由保加利亚乳杆菌（代号为 L）和嗜热链球菌（代号为 S）两支常规“军”协同作战、互相支持发酵而成的。保加利亚乳杆菌老家就在保加利亚，有人发现保加利亚人长寿者较多，这些长寿者都爱喝酸奶，于是分离发现了那里酸奶的乳酸菌，命名为保加利亚乳酸杆菌。这两支常规“军”是发酵酸奶的基本菌，但它们被人吃下去经过消化道时，经受不住胃酸和胆汁的杀伤，不能活着进入肠道中。即使有少量能活着进入肠道中，也不过穿肠而过，很快就被排出体外，不能起到调整肠道菌群的作用，因此这两类菌的确对人体有好处，但作用比较微弱。

益生菌是一种适量摄取后对饮用者的身体健康能发挥有益作用的活菌，现在酸奶中常见益生菌有嗜酸乳杆菌（代号

A)、双歧杆菌（代号 B，有多个品种）等，这些菌有调整肠道菌群平衡、抑制肠道不良微生物增殖等作用，可称为“特种军”。但有些酸奶产品宣传益生菌名称很神秘诱人，什么“ABSL 益生菌群”“LABS 益生菌群”，消费者往往看不懂，容易陷入概念误区。“S”和“L”分别代表“嗜热链球菌”和“保加利亚乳杆菌”，这两种菌称不上益生菌。依上所述，“A”和“B”是最常见的两种益生菌，因此“ABSL”和“LABS”是相同的，实际上都只有 2 种益生菌。

作为“特种军”的益生菌特点是战斗能力强，耐酸能力强，不怕胃酸，能活着到达肠道。但要“特种军”真正起作用，不但要看“种”，还要看“数”，更要“活”的。

看“种”——就是看益生菌菌种，并非一种酸奶里含有的菌种越多就越好。酸奶的优劣要看菌种的种类和性能。现在酸奶产品中添加了益生菌且功能得到国家认可，取得“蓝帽子”保健食品生产批号的仅有寥寥数款，大部分的酸奶厂家菌种的来源都是由专门的菌种公司提供，这些公司主要还是以提高发酵能力、改善风味为主，有些所谓“益生菌”的功能，并未得到验证。

看“数”——每毫升酸奶中至少要有几千万个到几亿个活菌，增强免疫力等保健功能才有效果，但是目前我国还没有对酸奶产品中的益生菌活菌含量和检测方法定标准。仅看厂家标注的活菌数有每毫升几千万个也无法考查。没有标准的话，对于这些酸奶中是否真的含有这种菌、数量是多少，相关监管部门也无法检测监管了。

看“活”——益生菌酸奶有益作用关键在一个“活”字上。就是要看活菌数，光加了许多菌如果到喝时都死了，就没作用了，不过这凭眼睛是看不出来的，怎么办？要保证益生菌的活菌数，一是要冷链温度最好保持在4℃左右，二是要离生产日期越近越好，因为即使在4℃的冷藏条件下，酸奶中的乳酸菌和益生菌数量会缓慢下降，出厂14天后活菌数降至原来的一到三成。告诉你一个选购的窍门，就是到品牌产品的专营直销店，那里周转环节少，容易找到最近生产日期的产品。

酸奶饮料也是酸奶吗

现在不少女性饮酒席上喜欢点酸奶饮料，认为比较健康，然而她们可能不知道，饭店拿上来的“酸奶”其实根本不是酸奶，大部分都是乳酸饮料或酸奶饮料。

酸奶饮料是一种发酵型含乳饮料，它是在发酵乳中加入水、白砂糖、酸味剂等调制出来的，名为“奶”，其实不是“奶”，只是饮料的一种，营养区别从蛋白质含量一看就明白了：酸奶饮料的蛋白质含量只有酸奶的1/3左右。另外，酸奶要求乳酸菌数至少每毫升要有1000万个，而配制型的含乳饮料没有多少乳酸菌。好的酸奶是用新鲜奶做原料的，而多数乳酸饮料，都是用乳粉调配的，极少会采用鲜奶。因此酸奶饮料比酸奶营养和健康指数都要低得多。

家庭厨房小实验

家庭自制益生菌酸奶

*准备材料

电饭煲、微波炉、益生菌酸奶菌粉（网上有售）1 小包（1 克）、带盖的小瓷杯或玻璃杯（250 毫升左右）5 只、鲜奶 1000 毫升（包装未开封的）。

注：家里有酸奶机的，也可现成利用。

*实验步骤

（1）先将杯子（连同盖子）、勺子放在电饭锅中加水煮沸 10 分钟消毒。取出杯子后将电饭锅断电，保留热水。

（2）将 5 只杯子取出，各倒入鲜奶 200 毫升，将杯中牛奶放入微波炉加热，控制温度到 40℃。

（3）把益生菌酸奶菌粉取出后在常温下放 15 分钟，然后在每杯温牛奶中各加入酸奶菌粉（0.2 克左右），用勺子搅拌均匀，盖上盖子。

（4）将电饭锅中保留的热水混入冷水使水温达到 40℃，将杯子放入电饭锅 40℃温水中，盖好锅盖，上面用干净的毛巾或其他保温物品覆盖，利用锅中余热进行发酵 6 ~ 10 小时。如温度不够可间歇给电饭煲加热，维持在 40℃左右。

（5）发酵到牛奶凝固，取出放进冰箱冷藏室，冷却后可根据自己爱好添加蜂蜜、果粒、坚果粒等。

怎样区别酸奶和酸奶饮料

（1）看配料和成分表

含乳饮料配料表中第一位是水，而酸奶第一位是牛奶；成分表中蛋白质含量是硬指标，看看若标注的100克产品蛋白质含量小于2.9克就不是酸奶。国家标准规定，纯酸牛乳中脂肪、蛋白质、非脂乳固体含量分别要大于3.1%、2.9%和8.1%。

（2）看产品名称

食品标签要求如是含乳饮料必须标明“饮料”“饮品”字样。目前市场上有些违规生产经营者把“含乳饮料”打着“酸牛奶”的旗号销售，也有一些产品包装上用大号字标出“酸奶”“酸牛奶”或“优酸乳”等含义模糊的产品名称，只有仔细看才能发现旁边还另有几个关键的小字——“乳饮料”“饮料”“饮品”。所以还是得仔细看。

（3）看储存要求的温度

酸奶要求储存在2℃～6℃，多数配制型的含乳饮料只要常温就可以了。

喝酸奶小知识

（1）记住喝酸奶“四要”和“四不要”

“四要”：要看清标签；要喝新鲜酸奶；开封后要快喝；喝后要漱口。

“四不要”：不要空腹喝；不要和香肠、腊肉等加工肉制品一起吃；不要与抗生菌素药物同吃；婴儿、胃酸过多者、腹泻患者不要喝。

（2）打开酸奶后先看形状

凝固型酸奶的凝块应均匀细密，无气泡，无杂质，允许有少量乳清析出；搅拌型酸奶是均匀一致的流体，无分层现象，无杂质。再看颜色，正常的酸奶颜色应是微黄色或乳白色，这与选用牛奶的含脂量高低有关，含脂量越高颜色越发黄。如发现酸奶形状和颜色异常，千万别喝。

（3）买酸奶要看出厂日期和保质期

产品刚出厂活菌数最高，选离出厂日期越近的越好。还要尽可能缩短酸奶在室温下的放置时间，否则乳酸菌的死亡速度会大大加快，同时酸奶风味将变得过酸。大家可以闻味鉴别：变酸的酸奶仍然是可食的，只有产生酒味和霉味的酸奶才是被有害菌污染了，千万不可食用。有益生菌的酸奶可能比普通酸奶好一点，可以选择购买，别太迷信宣传的功能。

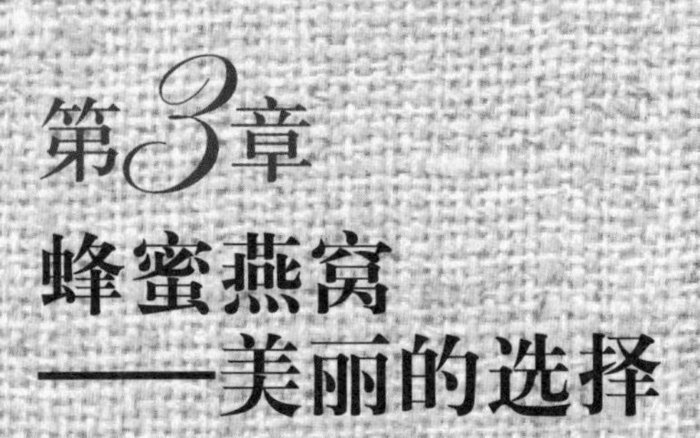

第3章 蜂蜜燕窝——美丽的选择

拥有不老的容颜和健康的身体，是各个年龄段女性的共同追求，为此各种美容养颜、肌肤保养的方法层出不穷，护肤品、保健品更是种类繁多，当然也有很大一部分希望通过食补来美容的爱美者。燕窝、蜂蜜、阿胶等美容食品也是销售火爆。面对琳琅满目的美容食品，爱美人士面临选择的困惑：这些食品吃了真的可以美容吗？

选购蜂蜜和燕窝讲什么门道，有没有误区呢？

美食也能美容吗

胶原蛋白、抗氧化、清除自由基等美容名词的兴起，带动了蜂蜜，燕窝等商品的销路，各种商家宣传的神奇美容美白功效也令无数爱美之人不禁有想要尝试的念头，那么究竟哪些食物真正有美容功效？哪些纯粹是商家夸大宣传的产物？如何进补才真正有效呢？接下来就为大家好好梳理一番。

蜂蜜，最平价的美容圣物

蜂蜜，可以说是大家非常熟悉的一种食物，无论是早餐，还是现在很多的正餐菜肴里，都可以看到它的存在，更因为它有通便润肠的功效，深受中老年群体的欢迎。而对于各个年龄段的女性来说，它还有一个功效被广受关注，那就是可以美容养颜，与其他美容食品相比，它的价格更加亲民，也更被大家接受，那么它真有这么神奇吗？

参差不齐——蜂蜜质量有讲究

“现代研究表明，蜂蜜的营养成分全面，食用蜂蜜可使体质强壮起来，容颜也会发生质的变化，符合‘秀外必先养内’的美容理论。特别是蜂蜜有很强的抗氧化作用，能清除体内的‘垃圾’——氧自由基，因而有葆青春抗衰老、消除和减少皮肤皱纹及老年斑的作用，令人显得年轻靓丽。因此，每日早晚各服天然成熟蜂蜜 20 ~ 30 克，温开水冲服，就可增强体质，滋容养颜，使女士们更健康更美丽。”

这是一段网上对蜂蜜美容功效的描述，确有夸张成分。

因为对祛斑消皱等美容功能，目前还没有权威机构的实验数据报告可以证明。实际上蜂蜜主要成分是果糖和葡萄糖，含量一般为60%～80%。果糖和葡萄糖容易被人体吸收。此外，蜂蜜特殊的营养还在于含有各种维生素、矿物质、氨基酸和各种酶。蜂蜜的糖含量较高，比较适合热量摄入不足而虚弱无力、年老体虚、消化不良等体质差的人群。体质好了，也可能反映在皮肤容貌上，这是间接效应吧。

无论是直接效应，还是间接效应，其实关键问题还是在于蜂蜜的质量优劣，那么应该如何挑选呢？

老马食品安全攻略

一看二闻三尝选蜂蜜

一看：纯正的蜂蜜是浓厚、黏稠的胶状液体，光亮润泽。尽管蜂蜜种类繁多，但是各种蜂蜜都有固定的颜色和结晶特征。如椴树蜜为浅琥珀色，清澈半透明，容易产生细腻的乳白色结晶；刺槐蜂蜜也叫洋槐蜂蜜，是一种广受欢迎的蜂蜜，白色或水白色，它的优点是不容易结晶，吃起来方便；桉树蜂蜜一般颜色较深，呈琥珀色，很容易产生黄色颗粒的结晶；紫云英蜂蜜也很常见，它的颜色是白色或很浅的琥珀色。蜂蜜的颜色深浅与质量并不一定相关。一般说来，浅色蜂蜜比深色蜂蜜口感好、价格高。深色蜂蜜则营养丰富，蛋白质、铁质的含量一般高于浅色蜂蜜。

关于看，有一个小方法可以提供给大家，用筷子在蜂蜜中使劲搅几圈，提起筷子在光亮处可观察到纯正的蜂蜜光亮透明，而掺假蜂蜜则比较浑浊。优质蜂蜜的透光性强，颜色均匀一致；而劣质蜂蜜有时可以看到杂质。新蜂蜜以浅琥珀色而透明为正品。加开水略搅拌即溶化而无沉淀者为好蜜；劣质蜜不易溶化，且有沉淀。

二闻：这个大家应该有一定概念，真蜂蜜的气味纯正自然，蜜味浓郁，有淡淡的花香，优质蜂蜜更有一股自然的甜香。部分假蜂蜜没有任何气味，如果掺有香料，则有很明显的香精香味。真蜂蜜在采收后数月便能散发出特有的蜜香，香浓而持久，开瓶就能嗅到。或把少许蜜置于手掌，搓揉嗅之，有引人入胜的蜜香。而假蜂蜜有隐隐的不自然的化学品气味，闻起来感觉刺鼻或有水果糖味，很可能就是添加了糖浆或者非法的化学制品。

三尝：这也是比较方便的鉴别方法。优质蜂蜜芳香甜润，口味醇厚、入口后回味长。掺假的蜂蜜没有花香味，有的假蜜有熬糖味，细品有白糖水味。纯正蜂蜜入口结晶会很快溶化，有较浓的花香味；假蜂蜜有的仔细品味还有化学品的怪味，口感甜味单一；掺假蜂蜜结晶入口不易溶化，有异味。优质蜂蜜是清爽甘甜的，绝不刺喉。

百花齐放——蜂蜜种类如何选择

百花酿百蜜，各有香甜味。超市蜂蜜货架前，多达十几种的蜂蜜品种让人挑花了眼，椴树蜂蜜、洋槐蜂蜜、紫云英蜂蜜等各种蜂蜜，如果是我自己去到超市，该如何从这么多种中间做选择呢？

首先遵循的原则应该是我们反复提到的看标签。国家标准以及生产许可标志自然不可少，还有一个比较容易记忆的原则，标签只写蜂蜜二字的蜂蜜质量比较一般。另一种叫做百花蜜的蜂蜜，或叫山花蜜、野花蜜、杂花蜜的各种混合蜜，听名字好像集百花香，营养应该不错，但其实其原料繁多，无法保证纯度，色、香、味一般都比较差。所以还是买单一花种的蜂蜜较好。

甜蜜陷阱——蜂蜜也有造假

蜂蜜也有造假？大家一定觉得本来就很平价的蜂蜜为什么还要去花大力气造假，又不能获得高额利益，但是行业内曾经有这样的传闻，连央视前几年都报道过，糖浆贩子把糖浆卖给蜂农，一旦周边蜜源减少，就给蜜蜂喂糖和糖浆，“蜜蜂就在酿假蜜”。

另一种造假蜂蜜是勾兑高果糖浆，因为它的葡萄糖和果糖组成跟蜂蜜非常接近。所以把高果糖浆加入到蜂蜜中，几乎能以假乱真，产品质量甚至符合欧盟标准，行业内叫“指标蜜”。

中国原蜜年产量约为 8 万吨，而一年蜂蜜出口却高达 10 万吨左右。内销的蜂蜜并不比出口的少，这多出来的产量只能靠糖浆填补，甚至有新闻曝出市场上 1/5 的蜂蜜是假蜂蜜。当然随着现在市场监管力度的加大，造假蜂蜜越来越少，但是作为消费者，还是需要有食品安全的意识，去发现身边一些可能造假的“甜蜜陷阱”。

目前蜂蜜造假的方法主要有两种，第一种就是往我们之前提到的高档洋槐蜜、荔枝蜜等售价高的蜂蜜中加入油菜蜜等低价蜂蜜，或以勾兑蜜冒充优质单花蜜，然后打上高价蜜的标签进行销售。这类属于以次充好的做假手段,虽然违法,但是对于消费者来说，吃了以后对人体没有危害，而另外一种造假方法就更为恶劣了。

另一种方法就是我们提到的“甜蜜陷阱”，往蜂蜜中添加各种糖浆。无论是哪种糖浆都是不允许添加在蜂蜜中的，最让人担心的是做果糖的原料劣质大米。本来买蜂蜜的人大都是作为补品或者营养品给老人或者孩子食用的，如果不法分子选取的原料是霉变的陈年大米，很难想象它的后果会是什么。如果买到这种蜂蜜，对于健康肯定是有害的。那么应该如何鉴别假蜂蜜呢？当然如像前面提到的勾兑高果糖浆等假蜂蜜，不进行专业分析，消费者一般较难鉴别，只能通过选择可靠的购买渠道来保护自己。而对另一些造假蜂蜜有比较有效的识别方法，在此为大家支上几招。

家庭厨房小实验

相信大家看完之前一部分介绍的假蜂蜜，比较担心的会是添加糖浆的劣质蜂蜜，其中掺加饴糖也是常见的不法手段之一，那么如何从蜂蜜中揪出它呢？其实也不难。

右图：左侧试管的蜂蜜中掺有饴糖

蜂蜜掺饴糖的鉴别

***准备材料**

需要检验的蜂蜜、浓度95%的酒精、纯净水、小试管或小玻璃杯。

***实验步骤**

（1）将需要检验的蜂蜜取2毫升左右倒入小试管或小玻璃杯中，再在试管中倒入5毫升纯净水，混匀溶解。
（2）往试管中慢慢滴入浓度95%的酒精数滴。

***实验结果**

如出现白色的絮状物，则说明检验的蜂蜜中加入了饴糖。
如仅仅发生浑浊，则说明该蜂蜜没加饴糖。

***提醒**

饴糖常温下也是流动状，颜色也类似蜂蜜，不过它的甜度没有蜂蜜高。做这个实验如果有两种不同的蜂蜜进行对比，就可以更清楚地分辨出来。

*简易实验方法

另外还有一个小方法可以看出蜂蜜是否掺水，纯正蜂蜜浓度高，流动慢，滴在白餐巾纸上不易渗出，而掺水的蜂蜜则会逐渐渗开。以一滴蜂蜜放于纸上，优质蜂蜜成珠形，不易散开；劣质蜂蜜不成珠形，容易散开。

老马食品安全攻略

三看识蜜知优劣

一看外观：从蜂农那里直接产出的真蜂蜜，因为含有蛋白质、生物酶、矿物质、维生素和蜜源植物的花粉等成分，外观看上去不是特别清亮，甚至会有少量杂质。而假蜂蜜是用白糖熬成的或用糖浆冒充的，所以看起来很明显地清澈透亮，这其实是不正常的现象。

二看价格：如果选购发现同样品种的蜂蜜，等级相差也不多，但是价格却相差很多倍，那么对这个便宜的蜂蜜就需要多留个心眼了，可能正是利用消费者容易贪小的消费心理来以次充好。

三看标签：这其实是我们挑选任何一样食物都很关键的一个步骤，对于蜂蜜来说，哪种花蜜、等级固然重要，但是有的蜂蜜产品配料表中写着蔗糖、白糖、果葡糖浆、高果糖浆等，这对真的蜂蜜产品来说是不允许的，大家购买时也需要留心。

小贴士

蜂蜜保存有讲究

蜂蜜是弱酸性物质，能与金属起弱化学反应，因此保存时应使用非金属容器（如玻璃瓶或塑料瓶）。蜂蜜容易吸收空气中的水分而发酵变质，因而又必须注意密封，以防吸潮，包装好的蜂蜜最好放置于干燥、阴凉通风处，避免受热膨胀。那么夏天是否需要放置于冰箱呢？其实并不用，温度过低，会发生结晶，反而影响食用。

说到蜂蜜结晶，其实是一种自然现象。蜂蜜最初被蜂农从蜂巢内取出的时候都是液态。有的蜂蜜会随着时间和温度的变化，出现固态颗粒。蜂蜜的结晶，实质上是葡萄糖从蜂蜜中析出被分离的一种现象和过程。结晶不是评判蜂蜜的真假好坏的标准，好的蜂蜜也会结晶，除了槐花蜜、枣花蜜等以外，多数加工后的蜂蜜在低温下都容易出现结晶现象。

结晶的大小和蜂蜜的品种、结晶时的条件有关。有的结晶状态像油脂，有的是白糖般的颗粒。天然纯正的真蜂蜜结晶体的透明度差，结晶层次较松软，用手指捻无沙砾感，吃起来也是软的，含之即化；掺假蜜的结晶会比较粗硬，连筷子都插不动。有的假蜂蜜析出的白糖沉淀，咬起来咯咯作响，在手里捻一捻会有沙砾感。

燕窝是最好的胶原蛋白吗

随着人民生活水平的提高以及女性对自身健康重视的加强，越来越多的女性选择服用保健品来延缓衰老，美化容颜。随着养生滋补的理念逐步深入人心，作为滋补佳品的燕窝也受到越来越多人的青睐。尽管其价格较高，市场上仍有不少消费者是燕窝的追捧者，愿意花大价钱买来进补，但是它真的如此神奇吗？它又有没有安全问题呢？

血燕造假——致癌物的加工厂

血燕因外形鲜红如血，又传说是金丝燕吐血凝结而成，历来被当作益气补血的佳品，受到消费者的追捧。其实如果真是吐血凝结的血红蛋白，只会变成黑褐色的高铁血红蛋白。实际上血红色可能与金丝燕的食物、燕窝中的铁等矿物质含量和窝巢环境有关。真血燕的形成需要各方面条件的契合，存在极大的偶然性，因此产量极为稀少。物以稀为贵，在利益驱动下假血燕出现了。市场上燕窝产品良莠不齐，品质低的燕窝最多是营养不高，但是假血燕的危害就绝不可小视了。

2011 年 8 月浙江省工商部门在流通领域食品质量例行抽检中发现，源自马来西亚等国的血燕中亚硝酸盐含量严重超标。据浙江省工商局披露，此次收检涉及全省各零售店问题血燕达 200 千克，约 3 万多盏，平均亚硝酸盐含量达 4400 毫克 / 千克，亚硝酸盐含量最高的达 11000 毫克 / 千克。这个量是什么概念呢？加工过的燕窝亚硝酸盐限量为 30 毫克 / 千克，比照限量标准，在抽检到的问题燕窝中，亚硝酸盐含量最高的已超过 350 倍之多。

大家都知道亚硝酸盐是有害物质，摄入过量会引起中毒甚至死亡，在一定条件下会转化为致癌物质。如果长期食用含有亚硝酸盐的食品，将会增加患癌风险，严重危害消费者的身体健康。

不法商人为了谋利往往采用色素染制或燕子粪便熏蒸等方式，将廉价燕窝染成血红色，当作“血燕”出售牟取暴利，其中以燕粪熏制而成的“人工血燕”就含有大量的亚硝酸盐。本来是为了养生滋补，这么高的价格买来之后，如果吃到的是这样的毒燕窝，岂不适得其反。

毒血燕事件披露后，有关部门加强了监管，所以这些假冒的血燕，在市场上已经大为减少。

但现在市场上燕窝比较大的一个问题是，许多包装精美的冰糖燕窝产品，价格并不便宜，然而实际含的燕窝成分极其有限，标签上所谓的固体物大于 18%、20%，并没有标明是燕窝的含量，这当中许多都是海藻的提取物琼脂在充数。遇到这种标签不明的燕窝产品千万不要买。

美丽燕窝——真有神奇的美容功效吗

“富含胶原蛋白、多种营养素，是美容养颜圣品。”这些是商家对燕窝最多的描述，那么它真的有那么神奇吗？我们一个一个来进行分析。

疑问 1：燕窝营养成分丰富吗

燕窝含有 50% ~ 60% 的蛋白质、20% ~ 30% 的碳水化合物，还有少量其他矿物质和维生素。从这些数据来看，燕窝的优点是脂肪少，蛋白质较高。有人说燕窝营养与鸡蛋差不多，也太贬低燕窝了，就蛋白质含量而言，燕窝是鸡蛋的4倍以上，但燕窝蛋白质中的氨基酸组成对人体来说并不完备，还缺少一些人体必需的氨基酸，这一点已为动物实验所证实。给大鼠饲喂燕窝加上另外一种成分单一的食物，会产生蛋白性营养不良。因此，说燕窝富含营养成分，并不科学。当然单从含量大的营养成分来评价燕窝好像也不公平。不明白它何以卖如此高价，是因为就蛋白质含量来比较，燕窝与豆腐皮差不多，何以一个贵族，一个平民？是否在微量元素成分上有其特殊的高价理由呢？

疑问2：燕窝富含胶原蛋白吗

市场上盛传的燕窝中富含胶原蛋白，因此能够美容养颜，也并不绝对准确。有科学研究机构曾经将燕窝和另一种富含胶原蛋白的平价食物——肉皮进行过胶原蛋白含量的检测比较，结果发现，其实燕窝并不含有很多的胶原蛋白，反而肉皮的胶原蛋白含量更高，燕窝富含胶原蛋白的神话其实没有那么神。

疑问3：燕窝何以能美容养颜

既然燕窝并不富含胶原蛋白，它何以美容养颜？笔者周围也有不少燕窝的粉丝，确实有些人长期坚持服用，有一定效果。可能是其中含有某些微量活性成分，但这种成分是什么，现在还没有研究证实。有人解释是表皮生长因子，可以刺激细胞分裂、再生、组织重建，令皮肤细腻白皙。也有人解释是一种叫做燕窝酸的物质在起作用，因为燕窝所含有的燕窝酸含量是普通物质中燕窝酸含量的五十倍，对美容养颜有一定的作用，但没有大量科学数据来证实。

排除心理因素和各种其他因素的干扰，要确定燕窝的美容和保健疗效，需要科学的检测标准和大规模的随机双盲试验。不过到现在，都没有任何令人信服的人体试验结果可以证明这一点。

人们对于养颜美容食物往往有误区，就是期望通过吃一些食物能达到变美丽防衰老的神奇效果，事实上，美容和长寿一样，是多种因素综合作用的结果，其中遗传因素作用很大，不要看有人老了皮肤很好，听她介绍吃什么好就仿效，结果往往无效而失望。因为基因不同、生活方式不同、环境不同都会影响结果，并不是一两种食物就能发挥神奇作用的。只有真的确定你缺乏某种营养素，相应的补充才有用，否则，吃多少也不管用。充足的睡眠、适当的运动、乐观平和的心态，再加上适合自己的均衡饮食搭配，可能比吃蜂蜜、燕窝更重要，其实美丽的选择就在自己的观念中。

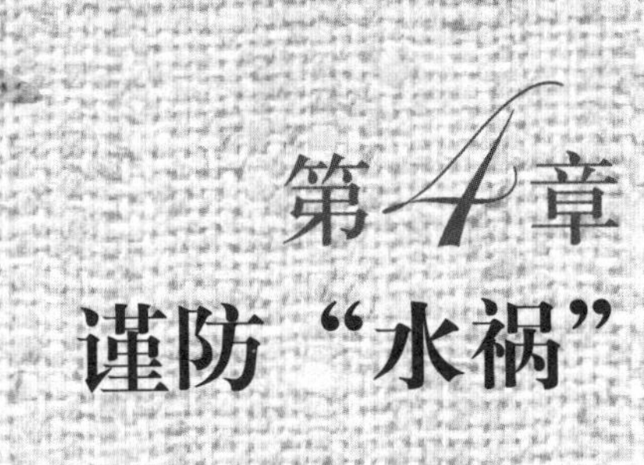

第4章 谨防“水祸”

本文提到“水祸”，不是水灾一类的水的祸害，而是专指水发水产品中出现的危害。水发的水产品是大家日常生活中较为喜爱的传统食品，水发和浸泡销售的水产品有干、冻、鲜三大类：“干”的主要指水浸泡销售的、经水发过的、原来是干制的水产品，有水发海参、水发鱿鱼、水发墨鱼、水发干贝、水发鱼翅等；“冻”的是水浸泡销售的解冻水产品，主要有解冻虾仁、解冻银鱼等；“鲜”的是指浸泡销售的鲜水产品以及类似的水产品，如鲜墨鱼仔、鲜小鱿鱼等。特别是逢年过节大家都要买些水发的水产品做菜，特别鲜美可口。

近年来在水发的水产品中经常发现违法违规添加，给食品安全带来极大的危害。

全是化学品惹的祸

近年来市场上常见问题产品主要有水发海参、水发鱿鱼、水发墨鱼、水发干贝、水发鱼翅、解冻虾仁、解冻银鱼等。一些不法商贩为了吸引顾客，在水发液中添加禁用化学品如甲醛、工业烧碱（氢氧化钠）、工业双氧水（过氧化氢）等。

经处理后的水发产品不仅有韧性、口感好，而且还能增重，同时还可达到防腐、漂白的目的。如用甲醛浸泡过的虾仁、银鱼等不但白净、涨发体积大、吃口脆嫩吸引顾客，还可以在较长时间内都不会坏掉。由于添加的多是工业用烧碱和双氧水，给消费者的健康带来潜在的危害。

工业双氧水、氢氧化钠和甲醛都是国家明令禁止在食品中添加的。过氧化氢具有致癌性，特别是可能会引起消化道癌症。而工业双氧水因含有砷、重金属等多种有毒有害物质，更会严重危害食用者的健康。氢氧化钠也是种强腐蚀剂，高浓度下会对消化系统产生大的腐蚀作用。

甲醛对人体肝脏、肾脏和神经系统的损害是相当大的，因为甲醛是一种高毒性的化学物质，是原浆毒物质，能与蛋白质结合。它的致敏、致突变性已被确认，已被确定为I类致癌物，即对人类及动物均致癌。因此在食品中用甲醛，无疑是一种投毒行为。添加甲醛的浸泡液涨发鱿鱼干时，甲醛残留量会随浸泡时间延长而上升，所以对于甲醛含量高的水发水产品应特别警惕。国家标准要求水发水产品的甲醛含量不得高于10毫克/千克。

除此之外还发现，少数不法商贩还违规使用了其他化学品。如为增强海蜇爽脆度，在加工过程中使用禁用药物硼酸作为增脆剂和防腐剂；为使解冻虾仁保水和增重，在加工过程中超量使用磷酸盐；为减少产品的微生物污染，在冻虾加工过程中使用含氯消毒剂浸泡产品等。

老马食品安全攻略

怎样识别浸泡过甲醛的水产品

甲醛在常温下是一种无色、有强烈刺激性气味的气体，不会直接加到水产品中。不法商贩常常用的是甲醛的水溶液，大家都听说过的福尔马林就是浓度为 35% 或 37% 以上的甲醛水溶液。因为甲醛能与蛋白质的氨基结合，使蛋白质凝固，因此在医学上可作为固定剂、防腐剂、消毒剂，比如可用于浸泡制作标本的动物尸体。不法商贩也利用了甲醛的防腐剂性质，如用工业碱水溶液浸泡海参、鱿鱼等水产品时，加一些福尔马林液。这样不但可以使水发水产品保鲜期延长 3 ~ 5 倍，而且能使产品外观鲜亮、形状饱满、光泽好。

用渗入福尔马林液的水浸泡过的水发物和水产品，食品所含甲醛的浓度虽然不高，一般不会急性中毒，但是长期食用这样的食品，会对人体产生较大的潜在危害，会产生慢性中毒，造成肝、肾损害，诱发肝炎、肾炎和酸中毒。甲醛的危害还表现在它凝固蛋白质，危害人体健康。甲醛能和蛋白质结合，使蛋白质变性，扰乱细胞的代谢，对细胞具有强大的破坏作用，因此甲醛进入人体可导致畸形、致突变和致癌。如此危险的东西在水产品中，我们有什么方法来识别呢？大家可以试试下面的招法。

看一看——浸泡过甲醛的水产品一般表面会比较坚硬、较有光泽、黏液较少，动物眼睛一般比较浑浊，体表色泽比较鲜艳，鱿鱼、虾仁外观虽然鲜亮悦目，但色泽偏红，整体看来比较新鲜。色泽晶莹透明，或呈现半透明状态，十分漂亮，失去原有颜色。

闻一闻——没有水产品应有的特有腥味，有淡淡的药水味或刺鼻的味道，使用较高浓度的甲醛溶液浸泡的水产品，会带有福尔马林的刺激性气味，掩盖了食品固有的气味。

摸一摸——甲醛浸泡过的海产品，特别是海参，触摸起来手感较硬，而且质地较脆，手捏易碎。海蛎经浸泡后个体颗粒较完整、皱褶清晰、没有或少有黏液。总之，浸泡后的水产品体表较清洁，胴体较坚硬，眼睛模糊，弹性较未浸泡的要好，总体感觉比较新鲜。

尝一尝——加热后迅速萎缩，吃在嘴里会感到生涩，缺少海鲜特有的鲜美味道。

不过，凭这些方法并不能完全鉴别出水产品是否使用了甲醛。若甲醛用量较小，或者已将鱿鱼、海参、虾仁加工熟，施以调味料，就较难辨别了。

家庭厨房小实验

下面的实验可以帮助分辨水产品是否浸泡过甲醛。

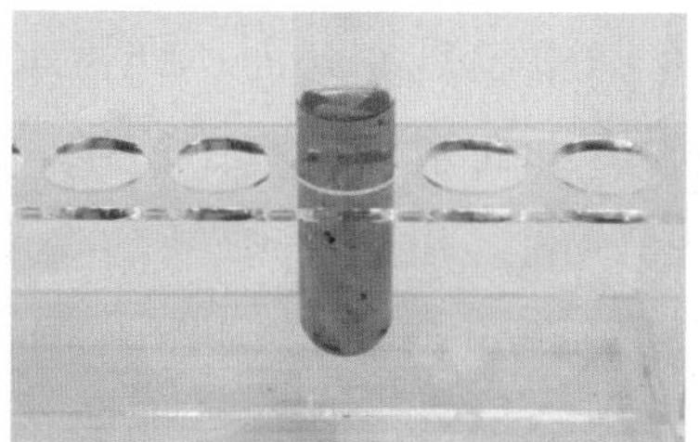

右图：含甲醛的水产品溶液

一滴识甲醛

***准备材料**

品红亚硫酸试剂又称希夫试剂，是用来鉴别醛酮的有效试剂之一（可以到专业试剂商店购买，有一般化学实验条件的，自己可配制新鲜溶液）、待测水发食品的溶液。

***实验步骤**

把无色的品红亚硫酸溶液滴入水发食品的溶液中，看是否有变色。

***实验结果**

如果溶液呈现蓝紫色，即可确认浸泡液中含有甲醛。

***原理**

如浸泡液中含有甲醛，品红亚硫酸会与甲醛生成醌式结构的蓝紫色化合物。

怎样识别过量工业碱浸泡的水产品

为什么要用碱来发鱿鱼干呢？鱿鱼干的水分含量极少，蛋白质和脂肪的含量高达80%左右。它的组织结构相当紧密，而且有脂肪包裹在外面。如用水泡发鱿鱼干，水分子难以渗透到鱿鱼干的组织中去。所以，用水泡发鱿鱼干是不会使它变得松软的。用适当浓度的烧碱溶液浸泡鱿鱼干时，碱就会同包裹在蛋白质结构外的脂肪发生皂化反应，破坏脂肪阻碍水分子渗透的作用；同时氢氧化钠分子还能使蛋白质变性溶胀，这样水分子就可以顺利地渗入到鱿鱼干的蛋白质分子中，使鱿鱼干组织迅速吸水膨胀而变得松软。

用烧碱溶液浸泡鱿鱼干是一种传统的制作方法，只要最后不在食品中残留就可以了，问题是现在很少有用食品级的氢氧化钠加工的，大部分加工者都用工业碱。工业碱是指工业上使用的氢氧化钠或氢氧化钾，又称火碱或烧碱，其溶液呈强碱性和高腐蚀性。由于工业碱中杂质和重金属较多，对人体构成危害，国家法规禁止将工业碱用于水发水产品。另外，我国农业部的无公害食品—水发水产品标准规定：干制品水发的水产品（包括水发的海参、鱿鱼墨鱼、干贝、鱼翅等），水浸泡销售的解冻水产品（解冻虾仁、银鱼等），以及浸泡销售的鲜水产品（鲜墨鱼仔、小鱿鱼等），其酸碱度pH值应不大于8。

实际上目前农贸市场上水发水产品用的碱很少有食品添加剂级别的，较多用的是工业碱，而且在浸泡过水发水产品后，经过漂洗去碱液，比较难检测出水产品中工业碱和食品添加剂级碱两种碱成分的差别。但我们可以测试销售的浸泡

家庭厨房小实验

一纸测酸碱

*准备材料

不锈钢小刀、精密 pH 试纸、待测水发水产品、待测浸泡液。

*实验步骤

（1）取待测水产品用不锈钢小刀在肉厚部割开 2 厘米左右的口子，可取不同部位多割几处待测。
（2）取酸碱度试纸（pH 试纸）一条，浸入待测浸泡液中，半秒钟后取出，与色板比较。
（3）取酸碱度试纸（pH 试纸）多条，分别贴于湿润的样品表面、割开刀口处内面，半秒钟后取出，与色板比较。

*实验结果

结果判断：pH 小于或等于 8 为合格，pH 大于 8 则不合格。

*提醒

pH 过高说明待测水发水产品碱性过强，食用碱性过强的食品会对人体消化道黏膜造成刺激和伤害。

水发产品的酸碱度，看看有没有问题。由于强碱性物质在水发水产品中也可以起到防腐保鲜的作用，所以一些不法商贩会故意加入碱性物质，以延长水产品的保存期。

虾仁、鱼翅越白越好，越大越好吗

目前市场上的虾仁有冻虾仁，也有解冻虾仁，一般消费者总喜欢挑大一点、白一点的虾仁。如果是从新鲜虾自然剥取的又大又白的虾仁，无可非议这个选择是对的。问题是少数不法商贩做假扰乱了市场，经查发现有些经营商用不新鲜的死虾做虾仁。他们一般先购销活虾，因为活虾利润较高，而活虾死后做成新鲜冻虾来卖，冻虾卖得快要变质了，才做成虾仁来卖。

为使变质的虾仁脱胎换骨，往往用三步浸泡法处理：先用双氧水浸泡虾仁，这样可以使发暗发黑的虾仁变得新鲜白嫩，光泽好看；第二步用工业碱浸泡，可以使虾肉涨发“养胖”；最后一步是用三聚磷酸钠浸泡，可以保持虾仁里的水分不会渗出，用以增加重量，获取更多的利润。一般 100 斤（50 千克）的虾只能剥出 45 斤（22.5 千克）虾仁，有 55% 的损耗。虾仁成本自然比虾高，价格应该更贵。而事实上，市场出售的虾仁价格却往往低于活虾。所以千万别买如此“价廉物美”的虾仁。

不但在虾仁里发现过加双氧水，广东等地也发现查处过工业用双氧水加工漂白干鲨鱼翅，甚至水发鱿鱼也发现过加双氧水。为什么会用双氧水呢？因为自从监管部门加强了对水产品甲醛含量的监控后，不法商贩感受到非法使用甲醛有风险，不敢再轻易使用了，而改用工业用双氧水隐蔽性高，不易被发现。对于消费者来说，仅靠眼看、鼻闻不太容易辨别食品中是否含有双氧水。低浓度的双氧水为无色无味的液体，不像甲醛那么刺鼻，不法商贩使用低浓度的双氧水，再用水浸泡后就无异味了，很难靠鼻子闻出来。

双氧水化学名称叫过氧化氢，具有氧化性很强的自由基，可破坏蛋白质的基本结构，起到消毒、防腐的作用，所以在医药领域原来用于皮肤伤口、环境等消毒，食品工业生产中曾作为加工助剂使用，用于纸塑无菌包装材料在包装前的杀菌，但要求杀菌后包装材料不能有残留。双氧水对大鼠的急性毒性、对微生物的致突性、对动物的致癌可疑阳性都证明其毒害性，因此严禁添加在食品中，也不能用于漂白水产品、肉类产品等。双氧水还可通过与食品中的淀粉形成环氧化物而导致癌症，特别是消化道癌症。另外，工业双氧水含有的汞、铅、砷等多种重金属和有毒有害物质也会严重危害食用者的健康。

怎样鉴别双氧水漂白过的水产品

双氧水的漂白作用使处理后的水产品明显比处理前的颜色白和浅，看起来不自然，白得很均匀，而正常的同一件水产品的颜色自然是有深有浅的。所以发现水产品非常白，比其应有的白色更白，而且体积肥大，应避免购买和食用。

当然单凭看有时比较难以辨别，我们可以通过一些简单快速的检测来帮助识别。目前市场上和网上有双氧水快速试纸购买，可根据其介绍用法测试。如对化学感兴趣的，也可试试用四氯化钛法来测定。取浸渍水产品或干货的溶液 10 毫升，加 0.2 毫升 15%四氯化钛盐酸溶液，如颜色呈黄色到橘色变化，说明含有双氧水。

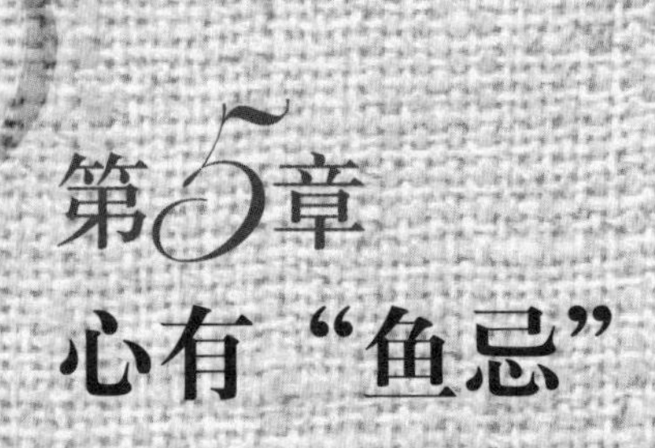

第5章 心有“鱼忌”

常有人说:“现在肉要少吃,要多吃些水产品,尤其要多吃海产品。因为它们脂肪少、营养丰富,不但天然安全,而且含深海鱼油,对人体健康肯定有好处,不会有什么大不了的问题。”现代城市人的消费结构在变化,水产品的消费量逐年在增长,但是对水产品的监测情况结果发现,目前水产品的安全问题还不少,主要来源于化学性和生物性两大危害。化学性主要有渔药和重金属的危害,生物性主要有寄生虫、病毒、细菌和生物毒素的危害。

我们在买鱼吃鱼时对这些危害要心有“鱼忌”。

一忌渔药

渔药残留即水产养殖药物残留，是水产品的最主要化学危害之一，它严重威胁人体健康，已成为隐形杀手之一。

近年来我国水产品市场中先后出现了氯霉素、环丙沙星、孔雀石绿和硝基呋喃等药物残留问题。如2001年欧盟因氯霉素残留问题将我国出口到欧盟的冷冻虾产品纳入快速预警机制；2002年欧盟宣布对中国出口的动物源性食品实行禁运，使我国水产品出口受到了极大的损失；2006年由于多宝鱼（大菱鲆）被检测到有多种药物残留，引起了国内许多地方对其采取停止销售的措施，导致主养地区的巨大经济损失。

渔药残留的主要原因是在生产过程中，少数渔民对水产品质量安全重要性的认识比较模糊，盲目追求高产，提高鱼苗投放量和饲料量，使水环境恶化，引发疾病增多，用药量增大；有些养殖户没有掌握科学的防病治病、合理用药知识，采取“治病先杀虫”“猛药能治病”的方法，滥用杀虫药，又不按照规定的剂量用药，而是习惯于超剂量方式用药。他们看药物使用效果的标准，就是看用药后所饲养的水产品是不是“跳”出水面，如果不被药物刺激到出现躁动不安的现象，就认为不是好药或者是用药剂量还不足。如此不对症用药、重复用药、过量用药，造成药物残留严重、水污染加剧，导致水产品品质下降。尤其是抗生素药物滥用不仅导致我国水产品声誉受损，甚至危害到人类生命安全。

就拿禁用渔药致癌物孔雀石绿来说，它可以防治鱼类或鱼卵的寄生虫、真菌或细菌感染，因为鱼从养鱼塘到外地水产品批发市场，要经过多次装卸和碰撞，这样会使鱼鳞脱落，掉鳞后会引起鱼体霉烂，鱼很快就会因此死亡，为了延长鱼生存的时间，许多鱼贩在贩运鱼时要用孔雀石绿溶液消毒，不少储放活鱼的鱼池也常常使用孔雀石绿。由于这种药进入水生动物体内后，会快速代谢成脂溶性的无色孔雀石绿，在鱼身上残留时间长，具有高毒素、高残留的特点，已被认定具有潜在的致癌、致畸、致突变的高危害性，所以我国和世界上许多国家均把孔雀石绿列为水产养殖禁用药物。但因为价格便宜，而且它治疗水霉病等的效果是其他药物比不上的，缺少更低廉有效的替代品，孔雀石绿在水产养殖中的使用仍屡禁不止，一直没有退出渔业市场。

二忌重金属

重金属污染目前在世界范围内来说都是一个比较普遍的食品安全问题。水俣病、骨痛病等事件表明，重金属可以通过食物链传递进入人体内，它们的高毒性和持久毒性对人体健康造成极大的伤害。污染鱼类的有毒重金属物质种类繁多，涉及的范围很广，常见的有汞、砷、铅、镉等，其中砷属于非金属，但常将其纳入重金属类加以考虑。

那么这些可怕的重金属污染都从哪里来的呢？鱼类活在水中，本身不大会产生重金属，有毒金属污染的主要来源包括饲料、水质、底泥、空气、药物等，往往是由于鱼类生活的环境受到污染，使重金属在鱼类体内逐渐富集而来的。所以我们要特别小心对其生长环境中的重金属具有较高富集作用的水产品，记住：鲨鱼、金枪鱼等深海大型鱼类，牡蛎、扇贝、蛤蜊、毛蚶等贝壳类和一些虾蟹甲壳类等水产品，是发现重金属污染较多的种类。

老马食品安全攻略

如何在挑选鱼类时尽量减少或避免重金属污染

（1）看鱼类的生活环境

鱼体内的重金属积累主要取决于水中重金属的浓度，重金属密度大，随着水流逐渐向下汇聚向海洋，沉积在海洋底部，因此越是深海的鱼，越容易受到重金属污染。生活在水体底层的鱼重金属的含量相对较高，生活在水中、上层的鱼类，重金属的含量相对较低。

（2）看鱼的种类

重金属污染物容易附在海藻、小鱼、小虾等浮游动植物身上，一些大型食肉型鱼类吃了这些小鱼小虾，就会使重金属在体内累积，越是处于食物链上层的鱼类，受重金属污染越严重，比如金枪鱼，还有鲨鱼。此外，鱼龄越大，体内富集的重金属也会越多。

（3）看鱼的部位

鱼体不同器官组织中重金属的分布是不均衡的，由于鱼体内各组织器官生理功能、代谢水平不同，同一种金属在不同组织中的含量存在着显著差异。作为起解毒作用的肝脏，其组织内可诱导产生大量束缚重金属的金属硫蛋白，使肝脏成为体内蓄积重金属的主要部位。鳃由于结构特殊，过滤吸收重金属，所以含量也较高；鱼鳞直接与水接触，受水中重金属影响较明显；肌肉（脊背）中的重金属含量最低，鱼肚中的含量次之。但不同部位的含量与重金属的种类也有关。

通常情况下，肾脏中镉含量最高，其次是肝脏、鳃和肠，鱼肉中的含量较低。镉含量由高到低为：内脏 > 鳞 > 鳃 > 骨 > 皮 > 肌肉。

铅易蓄积在肝脏和鳃中，铅含量由高到低为：鳞 > 骨 > 腮 > 皮 > 内脏 > 肌肉。

（4）看加工因素

鱼及加工产品经过了物理、化学及生物加工，如脱水、盐渍、加热等，鱼罐头产品还另外加入了配料，还有冷冻水产品加入的冰块，盐渍鱼加入的大量食盐，都可能导致鱼及加工产品的不安全因素增加，重金属含量也随着增高。此外，在包装、储存、运输和销售过程中，都有可能对食物造成直接或间接的污染，引入有毒有害物质。

三忌微生物

鱼类在其生活环境和生产运输过程中也常常面临着微生物污染。鱼体内的微生物以副溶血弧菌（肠炎弧菌）占首位，沙门菌占第二位，葡萄球菌占第三位。微生物主要分布于鱼的体表、鱼鳃及肠道，鱼鳃中的微生物污染最为严重。

副溶血性弧菌被列为食物中毒的重要病原菌，中毒以急性起病、腹痛、呕吐、腹泻及水样便为主要症状，重症患者会因脱水造成休克，少数患者可能出现意识不清、痉挛等现象，若抢救不及时，呈虚脱状态，可导致死亡。我国沿海如江苏、上海、浙江等地是副溶血性弧菌食物中毒流行的主要地区，而夏季是该菌中毒高发季节。副溶血性弧菌是一种海洋细菌，因其嗜盐又称嗜盐菌。它广泛生存于海水中的海产品、鱼蟹类之上，因此夏季要特别留心带鱼、墨鱼、海虾、海蟹、海蜇等海产品。中毒原因主要是烹调海产品时未烧熟煮透，但此菌对酸敏感，在普通食醋中5分钟即可被杀死，对热的抵抗力也较弱，因此预防中毒的最好方法是海产品要烧熟煮透，适当加醋，生熟分开。

微生物污染中病毒也是不可忽视的危害来源，其中最典型的是毛蚶易传播肝炎病毒。毛蚶已多次被记录在人类世界流行性疾病史上。1988年上海发生的甲肝大流行事件中，30万人受感染，就是吃了未经彻底加热的不洁毛蚶引起的。毛蚶生长在河口和海湾的泥沙中，以海水中浮游生物为食，由于它们栖息的近海水域常常受到沿海城市污水的污染，海水中可能含有肝炎患者排泄的肝炎病毒。一只毛蚶每小时可过滤5升海水，通过滤食活动，海水中的肝炎病毒在贝体内浓缩储积，当时上海等地不少居民有开水泡毛蚶半生吃的习惯，病毒没杀死就容易导致甲型肝炎。毛蚶体内还可能含有戊肝病毒、沙门菌等，很多戊型肝炎患者也是因为进食这些生的水产品而得病的，因此毛蚶不能生吃。

四忌毒素

现在随着生活水平的提高，有一个明显的变化是人们吃海产品、水产品的量增加了，品种也越来越多，尤其是过去很少见的各种进口的鱼类贝类品种，也上了百姓的餐桌。一个新的问题也随之出现了——天然毒素。

近年来我国南方一些城市频频出现进食“老虎斑”等珊

瑚鱼类导致雪卡毒素中毒的事件，目前，世界上每年因食用有毒的鱼、贝类而引起的食物中毒事件也层出不穷。在海洋生物毒素中，目前最常见的是河豚毒素、贝类毒素（包括麻痹性贝类毒素、腹泻性贝类毒素、神经性贝类毒素、健忘性贝类毒素)、雪卡毒素等。可能大家记不住这些毒素的名称,就留心以下一些鱼类贝类的名称吧。

1. 老虎斑、东星斑、苏眉等珊瑚鱼——雪卡毒素

生活在珊瑚礁周围海域的这些鱼类摄入有毒藻类或其他浮游生物，造成雪卡毒素在鱼体内蓄积，珊瑚鱼越大，毒性越大,食用的安全风险也越高。雪卡毒素中毒对人体危害很大,一般在食用有毒鱼类 1 ~ 6 小时出现中毒症状，轻者出现消化道症状，严重的会出现神经、心血管系统症状，导致休克甚至呼吸麻痹死亡。雪卡毒素中毒有一个特征性症状——温度感觉倒错,就是手触热物有冷感,放入冷水中则有热感或“电击样”感。

所以特别提示大家，应减少进食珊瑚鱼，或每次只吃少量珊瑚鱼，避免进食珊瑚鱼的卵、肝、肠、鱼头和鱼皮。当进食珊瑚鱼发现有中毒症状时，应避免同时喝酒及吃花生或豆类食物，并立即到医院诊治。需要注意的是，雪卡毒素对鱼本身不会引致任何病症，因此不能从鱼的外形、肉质、味道来判断是否有毒，加热、冷藏及晒干等办法皆不能把毒素清除。

2. 河豚鱼——河豚毒素

尽管绝大多数人明知河豚鱼有毒，但历年来总有吃河豚鱼中毒和死亡的人，真是“拼死吃河豚”。

河豚毒素是一种毒性极强的天然毒素，其毒性是氰化钠

的 1000 多倍，是一种神经毒素。这种毒素能耐高温，100℃加热 4 小时才能将毒素全部破坏。因此，一般家庭的处理方式和加热烹调温度对河豚鱼毒素几乎没有影响，这也是导致食用河豚鱼中毒的主要原因。

河豚毒素主要分布于河豚鱼的肝脏、卵巢、血液和皮肤中，肌肉一般视为无毒，但鱼死后放置时间较久，内脏和血液中的毒素将会慢慢渗入到肌肉中，引起中毒。

目前，还没有针对河豚鱼中毒的特效药物，但通过及早处理，还是有可能挽救中毒者的生命的。在中毒的早期要立刻洗胃，并口服牛奶、蛋清以保护胃黏膜，减轻毒素吸收，并马上就医。

3. 青花鱼、鲭鱼、金枪鱼、朝鲜方鱼、秋刀鱼、沙丁鱼——组胺毒素

鱼类组胺毒素又称为鲭亚目鱼毒，主要存在于一些常见的青皮红肉海产鱼体内，这些鱼肌肉中的组氨酸含量相对较高，当受到细菌污染后，鱼肉中的组氨酸就会变成有毒的组胺物质。组胺往往是由于处理或贮存不当而产生的。

组胺中毒症状一般较轻，主要是脸红，胸部以及全身皮肤潮红和眼结膜充血，同时还伴有头痛、头晕、胸闷等现象，有部分人会出现口、舌、四肢发麻及恶心、呕吐、腹痛、腹泻、出荨麻疹、支气管哮喘、呼吸困难、血压下降等现象。病程较短，一般 1 ～ 2 天后就能痊愈。

4. 海蜇——海蜇毒素

海蜇刺丝囊内含海蜇毒素和四氨络物、组胺等。海蜇毒

素属多肽类物质，作用于心脏传导系统；组胺则引起局部反应。新鲜海蜇不宜直接食用，因为新鲜海蜇含水较多，皮体较厚，还含有海蜇毒素。必须用食盐、明矾腌制3次（俗称三矾）使鲜海蜇脱水3次，才能让毒素随水排尽。三矾后海蜇呈浅红或浅黄色，厚薄均匀且有韧性，用力挤也挤不出水，这种海蜇方可食用。

5. 织纹螺、花蛤、泥螺、贻贝和扇贝等——贝类毒素

贝类味道特别鲜美，所以是人们喜爱食用的水产品，但因贝类毒素而引起的食物中毒时有发生。贝类毒素所引起的食物中毒多在沿海城市，并且与赤潮的发生密切相关。常见的贝类毒素包括麻痹性贝类毒素、腹泻性贝类毒素、神经性贝类毒素和健忘性贝类毒素。比较常见的、危害大的贝类毒素相关贝类有以下这些。

（1）织纹螺——麻痹性贝类毒素

织纹螺俗称海螺蛳、麦螺或白螺，广东、浙江、福建沿海较多。织纹螺本身无毒，但是由于摄食有毒藻类、富集和蓄积藻类毒素而被毒化。

织纹螺引起中毒的是一种麻痹性贝类毒素，是已知毒素中最毒的一类，该毒素对人体的经口致死量为0.54～0.9毫克，一颗小小的织纹螺就很可能致人死命。因为该毒素会对人体神经肌肉产生麻痹作用，所以称之为麻痹性贝类毒素。人食用毒贝几分钟到几小时后，唇、舌、喉头、面部、手指有麻木感，还会发展到四肢末端和颈部麻木，并伴有恶心、呕吐等，最后出现呼吸困难，重症者常在24小时内因呼吸麻痹

而死亡。

近期我国福建、浙江等地都发生食用织纹螺中毒的事件，造成人员中毒死亡的严重后果。每年夏季都是织纹螺食物中毒的高发季节，国家有关部门已明确禁止销售经营织纹螺。除了织纹螺，积累麻痹性贝类毒素的贝类主要还有：日月贝、巨蛎、文蛤、贻贝（青口）和扇贝等，而且毒素在这些贝类的消化器官中含量最高。目前对贝类中毒尚无有效解毒剂，有效的抢救措施是尽早采取催吐、洗胃、导泻，设法去除毒素，同时对症治疗。

（2）软壳蛤、紫贻贝、扇贝、石蟹等——健忘性贝类毒素

含有健忘性贝类毒素的水产品主要有软壳蛤、紫贻贝、扇贝等，一些从美国西海岸进口的太平洋大闸蟹、石蟹、红石蟹等也会含有健忘性贝毒。这些水产品食用3天后会出现中毒症状，包括恶心和腹泻，一般腹泻患者会伴有神智错乱、方向感丧失甚至昏迷的现象。最严重的后果是永久性的记忆丧失甚至死亡。

小贴士

煮、蒸、炸都可在短时间内使毒素在高温下因贝类失水而渗出。目前，最值得推荐的是油炸法，油炸法具有以下优点：温度更高，排毒更有效，并能避免更多的毒素流入汤中。烹饪可以降低毒素水平，但并不能消除中毒的危险性。只有当贝类毒素的初始水平较低时，烹饪才可能将毒素水平降到安全水平。

6. 鲍鱼——光致敏毒素

鲍鱼不是鱼，是一种爬附在浅海低潮线以下岩石上的单壳类软体动物。鲍鱼美味，饭店多将它作为一道上档次的菜肴。但是，鲍鱼的内脏器官也含有一种光致敏毒素，这种毒素一般在春季聚集在鲍鱼的肝脏中，具有光化活性。如果有人吃了含有这种化合物的鲍鱼，然后又暴露于阳光中的话，该物质会促使人体内的组氨酸、酪氨酸和丝氨酸等胺化合物产生，从而引起皮肤的炎症和毒性反应。鲍鱼毒素的中毒症状为脸和手出现红色水肿，但不是致命的。

小贴士

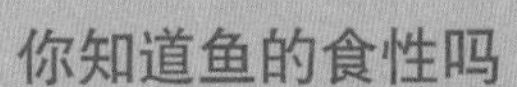

你知道鱼的食性吗

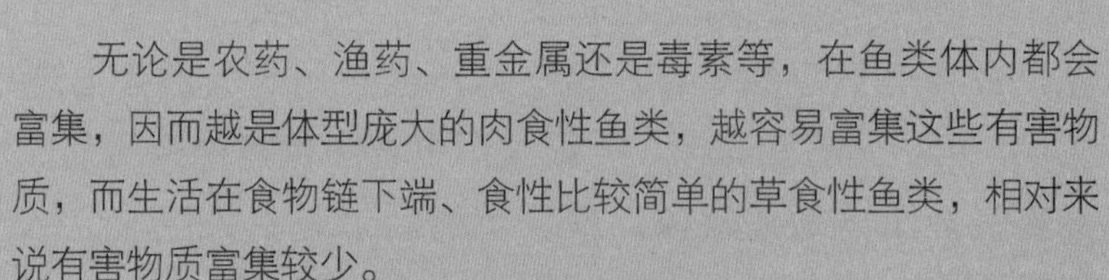

无论是农药、渔药、重金属还是毒素等，在鱼类体内都会富集，因而越是体型庞大的肉食性鱼类，越容易富集这些有害物质，而生活在食物链下端、食性比较简单的草食性鱼类，相对来说有害物质富集较少。

常见鱼类的食性

肉食性	杂食性	草食性
鳜鱼 黑鱼 金枪鱼 鲨鱼	鳙鱼 青鱼 鲢鱼 鲫鱼	鳊鱼 草鱼

家庭厨房小实验

用 pH 试纸可以快速测出鱼的新鲜度。

pH 值比色卡

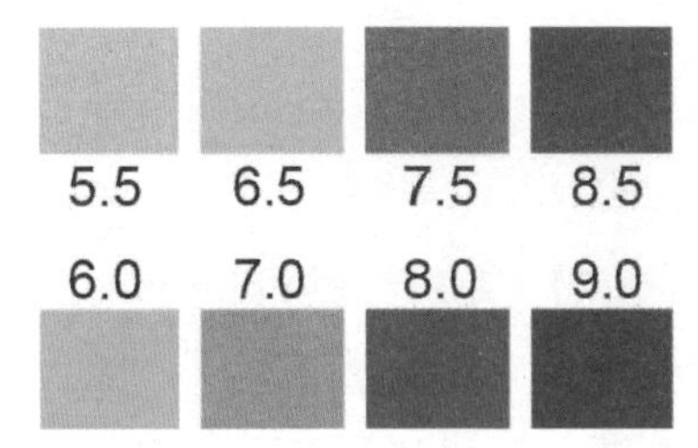

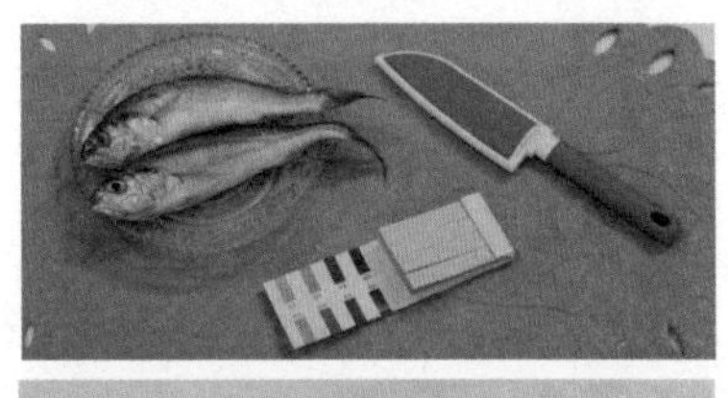

右下图：三条鱼从上往下分别是不新鲜、次新鲜和新鲜

鱼儿新鲜不新鲜，pH 试纸快速测

*准备材料

待测鱼、精密 pH 试纸（5.5 ~ 9.0）、不锈钢刀。

*实验步骤

（1）用干净的不锈钢刀横切鱼肉，依肌肉纤维横断面剖切。撕下一条 pH 试纸，将试纸长度的 2/3 紧贴剖面的鱼渗出液，五秒钟后取出试纸。

（2）将试纸与标准色板比较，即得 pH，据此判断鱼肉的新鲜程度。

*实验结果

pH6.5 ~ 6.8 为新鲜鱼，pH6.9~7.0 为次鲜鱼，pH7.1 以上为变质鱼。

*原理

正常新鲜的鱼 pH 为 6.5 ~ 6.8，但是当鱼不新鲜或发生腐败时，在酶和细菌的作用下，鱼中蛋白质分解产生氨和胺类碱性含氮物质，使 pH 上升。pH 越高鱼越不新鲜。

老马食品安全攻略

"六看"挑选新鲜安全的鱼

（1）看沉浮

把鱼放在水中，如鱼沉在水中，是新鲜的；如浮在水面是次鲜鱼；如肚腹朝天浮在水面就是变质的鱼了。

（2）看鱼体

首先看看体型大小。有人以为鱼越大越好，其实并不如此。当然挑鱼要看成熟度，那些还没长大的小鱼当然不能买，因为它的肉质还不鲜美肥腴，但鱼到了成熟期之后，就不一定是越大越好了。鱼的品种不同，本身体型也各不相同，从安全性来看，应选择草食性的"小"鱼，少挑些肉食性的大鱼。

比如鲫鱼、草鱼类在自然环境中吃草、浮游生物，重金属等化学污染较少，而鲨鱼、黑鱼、鳜鱼、鲈鱼等凶猛吃肉的鱼，越大可能越不安全，因为它们高居水生生物链的上层，各种危害物富集多，尤其在这些鱼的内脏、皮和头部，有害重金属含量会较高。现在家庭或饭店都爱烧鱼头汤这道菜，好像鱼头越大越好，其实是个认识误区，一般地说，鱼头越大，尤其鱼鳃积累的有毒物也越多，所以即使鱼头汤再鲜美浓郁，也不要经常吃，即使买鱼头也不要挑太大的。

其次看看鱼身形状是否正常对称。受工业废水、生活污水污染严重的鱼会出现变异，常有畸形，如头大尾小，或头小尾大，脊椎弯曲。还有如果发现鱼肚腹特别大，一可能是产卵期的雌鱼，二可能是变质的鱼肠内充满细菌活动而产生气体，造成肚腹膨胀。

此外，凡已知是被毒死的鱼，也不可购买食用。

（3）看鱼眼

鱼新鲜不新鲜看鱼眼。新鲜鱼的眼球饱满凸出，角膜澄清而透明，周围无充血及发红现象，而且形状很完整；出水时间长、不新鲜的鱼眼睛的色泽发灰暗，角膜渐渐浑浊发白，眼球塌陷，有的鱼眼则由于内部溢血而发红；腐败的鱼眼变白、眼球破裂。

（4）看鱼鳃

鱼鳃是鱼的呼吸器官，是鱼新鲜度的“显示屏”。活的鱼或死后不久新鲜的鱼鳃血中含氧气，颜色是有光泽的鲜红或粉红色，一根根鳃丝排列很清晰，鳃盖紧闭，除了正常的鱼腥味没有异味；离开水死亡时间长的、不新鲜的鱼鳃盖微开，鳃色就变成淡红、紫红甚至灰色或褐色了；如果鱼鳃颜色发灰暗的白色，发出难闻的异味，那就是腐败的鱼了。商贩也知道消费者会看鱼鳃，就有缺德者把猪血、红药水、红染料什么的涂在变质鱼鳃上，假冒新鲜鱼。这我们也有对策：拿张白纸巾擦擦鱼鳃，如鲜红色很明显印到纸上，而且会扩散开来，就是染色的。如果闻到鱼鳃有股煤油味、大蒜味、氨味、火药味等气味，而且鱼鳃表面很粗糙，那很可能这鱼来自污染的水源环境或有其他污染问题。毒死的鱼，从鱼鳃中能闻到一点农药味，就千万别买了。

（5）看鱼鳞皮

新鲜鱼表皮上黏液较少而且是清洁透明状的，鱼鳞紧密完整而有光亮；新鲜度差的鱼黏液量增多，透明度下降，鱼鳞松弛，层次不明显且有脱片，没有光泽。如果鱼鳞色泽发黄、绿、红或青的问题更大，千万别买。

（6）看鱼肉

可以用手指压压鱼身的肉。鱼肉组织很结实，用手指压一下松开，鱼身的凹陷马上复平了，那是新鲜的鱼；不新鲜的鱼，肉质松软，用手压凹陷处不能立即复平，失去弹性。

小贴士

购买活鱼回家后可以用清水养上一两天；如果是已经杀死的鱼也要尽量用清水浸泡 1 个小时左右，以尽量去除可能带入的毒素。并且吃鱼要做到以下“三不”：

（1）不重复

海产品和淡水水产品最好轮流着吃，而且应挑选不同种类的，一周内不重复吃同一种水产品。

（2）不过量

成人和青少年每周吃水产品不超过四次，每次不要过量，成人每人每次不超过 120 克；即将怀孕的妇女和哺乳期妇女每周至多食用两次水产品。

（3）不生食

无论是海产品还是淡水水产品都要避免生食，食用前一定要洗净，鱼类要去净鳞、鳃及内脏，洗后不可长时间存放，蒸鱼或烹调鱼时一定要保证熟透。

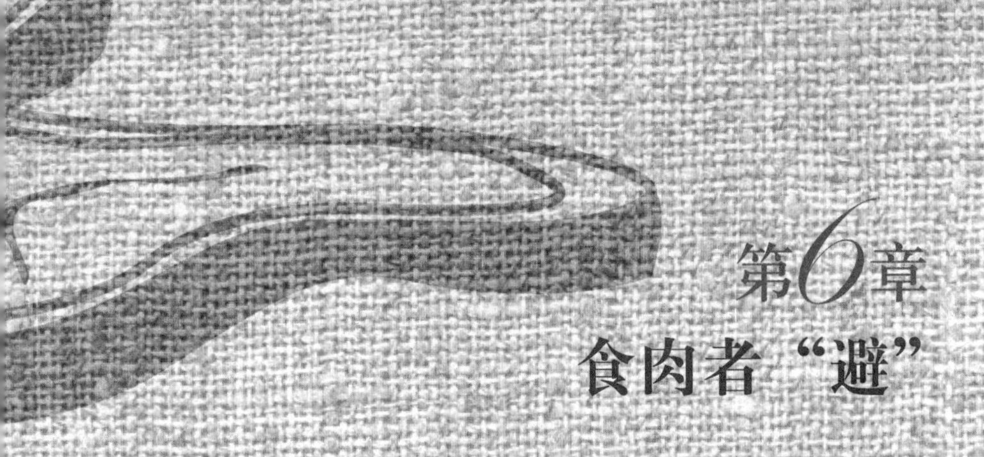

第6章 食肉者“避”

无论是老北京涮羊肉还是外婆家红烧肉，直至各种韩式、日式、西班牙烤肉等，主打肉类的餐厅总是生意火爆。猪肉、羊肉也已经成为大家餐桌上不可或缺的重要角色。与此同时，假羊肉卷、病死猪肉流入市场等各种肉类食品安全问题频发，也时刻牵动着“肉食族”的神经。

仅2013年一年，公安部部署全国公安机关开展打击食品犯罪、保卫餐桌安全的专项行动中，共侦破各类食品犯罪案件2010起，抓获犯罪嫌疑人3576名，捣毁“黑工厂”“黑作坊”“黑窝点”“黑市场”1721个，摧毁跨省市区的犯罪网络325个。其中，集中侦破各类注水肉、假牛羊肉、病死肉、有毒有害肉制品犯罪大要案件382起，抓获犯罪嫌疑人904名，现场查扣各类假劣肉制品2万余吨。那么究竟如何防范这些“毒”肉进入你的生活呢？

面对各种诱人的肉食，食肉者要避免哪些危害呢？

一避病死猪肉

病死猪肉是指由于各种疾病或者在摄入农药、灭鼠药、重金属等有毒物质后死亡的猪，国家法规严格规定病死猪肉是不能通过任何途径销售给消费者的，更不能够食用。病死猪在死前一般都使用过大量的药物治疗，因此病死猪肉中药物残留一般都严重超标，如果食用对人体会产生不良影响。人一旦吃了含有超标准数量的有害病原微生物、寄生虫或其他污染物的猪肉，就有可能患上口蹄疫、寄生虫病等。但是一些养猪户因为利益的驱使，将病死猪肉卖给非法屠宰场，非法屠宰场又将病死猪肉分割、绞碎，伪造检验合格证，盖上合格证后公然销售到市场上供消费者购买，继而对消费者的生命健康造成极大威胁。下面我们先列举一些常见的病死猪肉疾病。

瘟疫猪肉：瘟疫猪肉的肉皮表面布满细小紫红的出血点，特别在耳根、颈部和腹部的出血点更大而密集。

口蹄疫猪肉：口蹄疫的牲畜特征是在心脏脂肪上出现虎皮样的斑纹，心脏的脂肪变性，心包上有出血点。

丹毒猪肉：肉皮上有红色或灰白色的方形凸起疹块，表明该猪患有丹毒。

囊虫病猪肉：囊虫病猪肉通常叫“米猪肉”或“痘猪肉”。可在猪的腰肌肉上切割 4 ～ 5 刀，在切面上仔细观察，如发现肌肉中附有绿豆或米粒大小的白色半透明囊粒，就是囊虫病猪的囊虫包。

老马食品安全攻略

“三看”识别病死猪肉

一看表皮：病死猪的表皮往往有充血或有出血点，出现红或紫红色块，脂肪呈粉红色、黄色甚至绿色。如是重病或将死的病畜急宰的情况，在尸体倒卧一侧的皮下组织等有明显淤血及大片的紫红色血液浸润组织。

二看肉色：由于放血情况不佳，死猪肉的血管中会充满大量的暗褐色血液，所以肉色呈现程度不同的深黑红色，而且局部带有蓝紫色，切面大部分可看到黑红色的血液浸润区。

三看肌肉：病死猪的肌肉组织没有弹性，用手按一下肉，不易恢复原状。通常还伴有淋巴结肿大、萎缩、坏死、充血、水肿或化脓现象。

二避有药肉

这里提出的有药肉是指有禁用兽药残留肉类，其中“瘦肉精”已经是臭名昭著的禁用兽药之一，其实还有许多禁用兽药不为大众所知，每年在各种肉类重也有一定比例检出。我国规定禁止用于所有食品的兽药品种有几十种，其中兴奋剂类除了第一代“瘦肉精”克仑特罗外，还有新一代的莱克多巴胺、沙丁胺醇等；性激素类的有己烯雌酚、甲基睾丸酮等；抗生素类有氯霉素、硝基呋喃等；催眠药类有安眠酮等。

人们如果经常摄入兽药残留肉食，药物或激素在人体内缓慢蓄积，会导致各种器官的病变，产生不良反应、过敏反应、细菌耐药和菌群失调，以及致畸、致癌、致突变后果。要像重视人的食品一样重视动物饲料，如果给动物乱吃药、吃垃圾，最终这些药和垃圾会进入人类自己的身体。

老马食品安全攻略

怎样看出放心肉

你可能没法凭肉眼看出有病的肉或有禁用兽药残留的肉，那最主要还是要靠监管部门的检疫和生产企业检验，所以一般消费者买肉还是要通过正规销售渠道买有合格证章的肉，那么你知道要看哪些证章吗？

识别“放心肉”最简单的方法是仔细辨别“两证两章”（俗称“红蓝两戳儿”）。

“两证”：

（1）动物检疫监督部门发给的“畜禽产品检疫检验证明”。

（2）定点屠宰企业出具的“肉品品质检验合格证”。

此两证在摊主手中，要求挂在肉案上。有的违规经营的小肉摊拿不出“两证”，就千万别去买了。

“两章”——定点屠宰企业的生猪肉上市前要印在猪肉表面两章：

（1）由动物防疫监督机关加盖的蓝色滚动“检疫合格验讫印章”。

（2）由定点屠宰企业加盖的“肉品品质检验合格验讫印章”。

检疫合格验讫印章从上到下滚动地盖在猪脊背肉上。合法印章的印泥是用食用色素制成的，对人体无害。印章的印色不易洗掉，有人认为会影响肉品卫生，其实这种看法是错的。容易擦洗掉的恰恰是假冒的非食用颜料制成的印章。

由于肉分割后有的小块肉会看不到“两章”，可以留心看一下卖家其他的大片白条肉有没有“两章”。

三避死猪肉做的肉制品

按国家规定，凡是病死猪肉必须按无害化处理，但一些不法分子会收来做腌腊肉和其他肉制品，这样容易掩盖病死猪肉的问题。2013 年福建漳州公安机关就捣毁 2 处制售病死猪的“黑作坊”“黑窝点”，抓获犯罪嫌疑人 5 名。经查，2012 年 8 月以来，犯罪嫌疑人将买来或捡来的病死猪，进行非法屠宰，并将屠宰好的猪肉再作为食品或食品原材料销往周边省份，累计销售近 40 吨，案值达 300 多万元。防范病死猪肉做的腌腊制品要注意以下四点：

1. 销售点

不法加工商贩用病死猪肉做的香肠等腌腊制品，大多销售给固定的下家小摊贩，在不规范的菜市场、小商店和摊点销售，往往不敢进大超市和商店，因此到正规的超市和商场买腌腊制品相对放心些。

2. 价格

一般情况下病死猪肉做的腌腊制品价格明显低于正常市场价，有的香肠价格比猪肉还要低很多，用以吸引一些不知情的消费者，因此切勿贪便宜。

3. 包装

不法加工商往往使用不知名品牌或冒牌包装，一种产品往往有几个不同厂家和牌子的包装箱。

4. 色香味

肉色红色较深，有的可看出暗紫红的小点，脂肪发黄或发粉红，为了掩盖病死肉的异味，往往多加香料，没有新鲜香肠的固有风味和香气，有的肉馅带有酸败味。

四避变质肉

不知大家有没有遇到过这种情况，买回来的猪肉口感不太对劲，对新鲜程度心存怀疑又拿不出证据，即使吃下去身体也不会很快地直接反映出来，却又担心会不会存在隐性的毒害。而挑选猪肉时，鉴别猪肉是否新鲜这第一个步骤，恰恰是食品安全把关的最关键一步。

那么除了挑选比较正规比较大的品牌的猪肉，还有哪些比较直观的方法可以在超市卖场选购时使用呢？

老马食品安全攻略

多方面观察猪肉的新鲜程度

一看外观：新鲜猪肉的表面有光泽，用刀切，其横切面有水分，不粘手，肉汁透明。新鲜程度不怎么高的猪肉我们称之为次鲜猪肉，外观呈暗灰色，无光泽，其横切面的色泽比新鲜的肉暗，有黏性，肉汁浑浊。第三种就是已经完全变质的猪肉，表面粘手，颜色呈灰色甚至淡绿色，其横切面也呈暗灰或淡绿色，非常粘手，肉汁严重浑浊。

二闻气味：新鲜猪肉气味正常，次鲜猪肉在肉的表层能闻到轻微酸霉味，变质猪肉不管是在表层还是切开以后的内层都有明显的刺鼻酸味。

三按弹性：新鲜猪肉肉质富有弹性，用手指按压凹陷后会立即复原。次鲜猪肉弹性较差，用指头按压凹陷后会有小凹口，不能完全复原。而变质猪肉因为组织已经失去原有的弹性，用指头按压后凹陷，完全不能复原。

在卖场超市挑选猪肉的第一步往往都是“外貌协会”，有一个初步的质量判断，但是单靠“以貌取猪肉”还是不够的，第90页有一个对于猪肉的家庭小测试，快捷实用，一测便知猪肉的新鲜程度，供大家参考。

小贴士

识别注水肉

之前提到的注水肉是人为加了水以增加重量牟取暴利的生肉，也是近年来常见的问题猪肉，其实它的鉴别也有妙招。注水猪肉由于冲淡了体液，所以没有一点黏性。用刀切肉，切面合拢处有明显痕迹，如肿胀一样。将纸巾贴在刚切开的切面上，注水的猪肉有明显浸润痕迹。

家庭厨房小实验

pH 试纸可以测试酸碱度，猪肉的新鲜程度如何与酸碱度联系起来呢？其中大有玄机。

pH 值比色卡

5.5	6.5	7.5	8.5
6.0	7.0	8.0	9.0

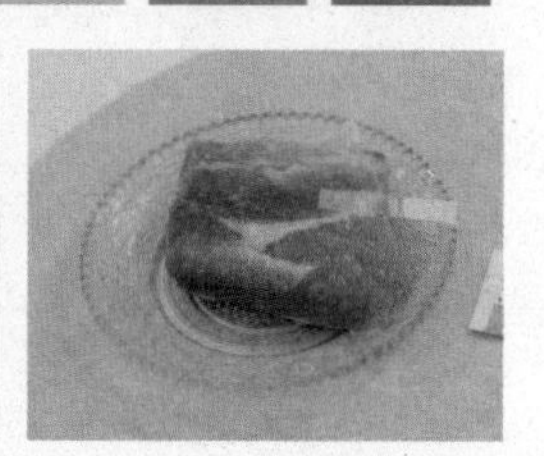

左下图：新鲜肉　中下图：次鲜肉　右下图：冷藏肉

巧用 pH 试纸挑对鲜猪肉

***准备材料**

猪肉，pH 试纸，刀具。

***实验步骤**

用干净的刀横切肉块，然后将试纸的一端放入剖面，或是将肉的渗出液滴引至试纸上，1 秒钟后，取 pH 试纸与标色版比较即可。

***实验结果和原理**

其实猪肉的新鲜程度与酸碱度值大有关系，目前在日本等发达国家，人们都有根据 pH 来购买猪肉的习惯，那么原因是什么呢？正常猪肉刚屠宰好，肌肉组织是松软的，含水量较大，宰后45分钟的pH为6.3左右。但是长时间放置后，猪体内糖原在缺氧条件下经糖酵解，生成乳酸，经5～12小时pH缓慢下降至5.4～5.5，猪肉会进入所谓的僵直期，肉纤维粗硬，口味不佳，且不易消化。随后pH缓慢上升，屠宰后24小时内测得的最终pH在5.6～5.9之间。pH回升到5.8～6.2时达到成熟期，此时是肉类的最佳食用期，肌肉组织变得柔软多汁，经烹调后，肉汤透明而芳香，肌纤维鲜嫩，容易消化，在这一时期如保鲜工作做得不好，pH会逐渐上升，“新鲜肉”成了“变质肉”。pH6.3～6.6为次鲜肉；pH6.7以上为变质，在常温下，猪肉会迅速腐化，而冷藏能够保持猪肉的pH值。

猪肉的鲜度与pH的对照表

肉质	成熟期新鲜肉	次鲜肉	变质肉
pH	5.8～6.2	6.3～6.6	≥6.7

提醒：实验最好选择测量范围精密的pH试纸，测定范围为5.4～7.0的pH试纸是比较好的选择。

五避假羊肉

羊肉在《本草纲目》中被称为能暖中补虚、开胃健身的温热补品，比较适宜于冬季食用。隆冬之际，当你坐到餐桌旁，品尝着肉嫩汤鲜的涮羊肉，立刻会感觉暖气洋洋，周身舒泰。不过现在有了空调，一年四季火锅涮羊肉更是许多人的餐桌首选，以至于羊肉为主食的连锁餐饮生意红火，但随之问题也来了。近年来问题羊肉事件频发，2013年就有从江苏查处的制售假羊肉案，再到上海不明原料的掺假复合肉卷流入知名火锅店事件，将一餐桌美味推上社会舆论的风口浪尖。

1. 挂羊头卖“貂肉”

上文提到的严重食品安全事件发生在江苏无锡，2013 年 2 月，公安部在无锡、上海两地统一行动，打掉一个特大制售假羊肉犯罪团伙，抓获犯罪嫌疑人 63 名，捣毁黑窝点 50 余处，现场查扣制假原料、成品和半成品 10 余吨。经查，2009 年以来，犯罪嫌疑人从山东购入水貂、狐狸等未经检验检疫的动物肉制品，添加明胶、胭脂红、硝盐等冒充羊肉，销售至苏、沪等地农贸市场，案值高达 1000 余万元。

用非食用肉冒充羊肉进行销售，不仅属于违法行为，不法商贩使用的非食用肉也不可能经过食品卫生部门的检验检疫，存在微生物、细菌超标等多个方面的高风险，对于消费者的健康也是极不负责的行为。那么如果是非食用肉伴装的假羊肉，应该如何分辨呢？

老马食品安全攻略

“三看”法识假羊肉

一看颜色：羊肉的颜色一般呈鲜红色，脂肪为白色，肌肉纤维细软，肉切面的颜色清晰洁白，而假羊肉则一般呈现暗红色。

二看纹理：真羊肉纹理细腻，肥瘦相间，白色的肥肉呈条纹状。而假羊肉则纹理粗糙，瘦肉多肥肉少，肉呈片状分布。

三看脂肪分布：就拿查处到的假羊肉串来说，羊肉和假羊肉的直观区别可以从肥肉上来判断，羊肉的肥肉是白色的，而假羊肉的肥肉是黄色的。此外，真正的羊肉的肥肉分布应该是均匀地一丝丝夹在瘦肉里。假羊肉通常是肥瘦肉互相分离，各占一半，并且用手一捏就会两边分开。

2. 混肉冒充纯羊肉

除了非食用肉冒充的假羊肉，第二种“假”羊肉就是我们之前提到的流入知名火锅店的复合肉卷了。那么复合肉卷的概念如何解释呢？实际上国家对于这种在火锅店常见的速冻复合肉卷有专门的行业标准，以鲜（冻）牛肉或羊肉为主要原料，配以猪肉、鸭肉、鸡肉，经清洗、去皮、去骨分割成片、制卷、成型并采用快速冻结工艺制成的复合肉卷，其主要原料成分必须大于 60%，而且必须标注成分表，符合以上标准的复合肉卷是允许销售的。

问题是有些销售的复合肉卷号称羊肉卷，欺骗消费者。2013 年在上海查处的复合肉卷既无原料成分标明，也未标示其中使用的配料添加剂，同样存在掺非食用肉的可能性。在餐饮行业，尤其是火锅店，如果“混合肉卷”借纯羊肉卷之名混上餐桌，也涉嫌欺诈消费者；还有街头巷尾的小摊烤羊肉串，用鸭肉加羊肉香精假冒的比比皆是，上海等地已发现并惩处了不少假冒羊肉串的非法加工者。如原料未经检验检疫，或产品在生产加工过程中有违法添加，更是涉及食品安全的大事。

如果火锅店端上餐桌的羊肉卷是复合肉卷，就需要练就一双火眼金睛好好鉴别了。

老马食品安全攻略

三步识别复合肉卷

第一步看外观：复合肉卷因多用添加剂将混合肉类粘在一起，因此肉卷的颜色分布明显，红是红，白是白，而真羊肉卷因脂肪自然形成，红白肉块相接，纹理清晰自然。

第二步比价格：这也是一个非常简单实用的方法，如果市场上羊肉的批发价均为每500克三十多元，火锅店如果打着特价羊肉卷的幌子，一盘500克的量只要十几二十元，那么这盘羊肉可能就要打一个问号了。

第三步等解冻："时间会证明一切"，这句真理同样适用在假羊肉卷的鉴别上。面对刚端上餐桌速冻过的羊肉卷，不妨稍稍忍耐一下饥饿，等上一等，等羊肉卷解冻了。化冻后的假羊肉卷立马会现出原形，用筷子轻轻一夹，白肉红肉马上分离。不用说，这时候，时间已经证明了一切。

或许你已经回想起之前光顾的火锅店存在过如此现象，已经对外出吃涮羊肉火锅有一点心有余悸，所以去超市买羊肉自己在家里过过羊肉瘾会是当下很多人的选择。那么大家有没有想过，选购超市的羊肉卷同样需要一双识"毒"的明目呢？

小贴士

羊肉好搭配

羊肉虽好吃有营养，但常吃容易上火，吃羊肉时最好搭配一些蔬菜，能起到清凉、解毒、去火的作用，冬瓜、丝瓜、菠菜、莲藕、香菇等，都是比较好的选择。

家庭厨房小实验

有人会说：担心火锅店的肉存在这样那样的问题，自己买羊肉卷也不放心真假，那么怎样在家里鉴别买来的羊肉卷呢？其实方法很容易。

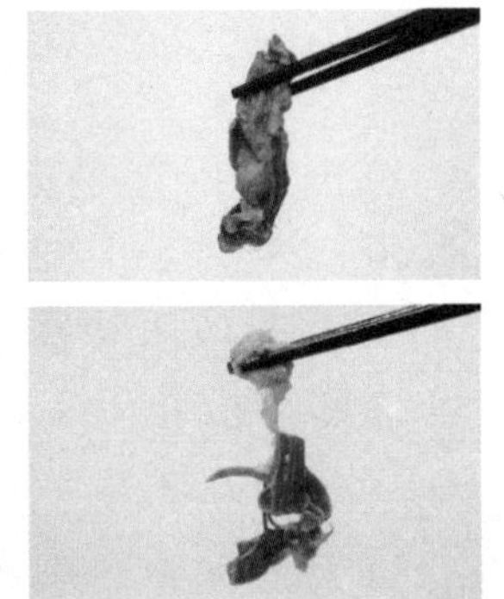

右上：真羊肉卷　右下：加热后分离的假羊肉卷

好好吃一次"纯"羊肉

*准备材料

速冻羊肉卷，盛满水的锅具，电磁炉。

*实验步骤

将速冻羊肉卷从包装袋中取出，稍稍放置一会，待其外面的冰解冻，此时放入烧开水的锅具中，即可进行鉴别。

*原理

假羊肉卷因为使用明胶等化学添加剂黏合，遇热融化，黏合起来的肉会马上分离，肥肉精肉会出现完全分开的现象。如果无法在锅中找到完整的精肥相连的羊肉卷，就需要打个问号了。

*提醒

这个实验如果有两种不同的羊肉卷，更容易对比分辨。

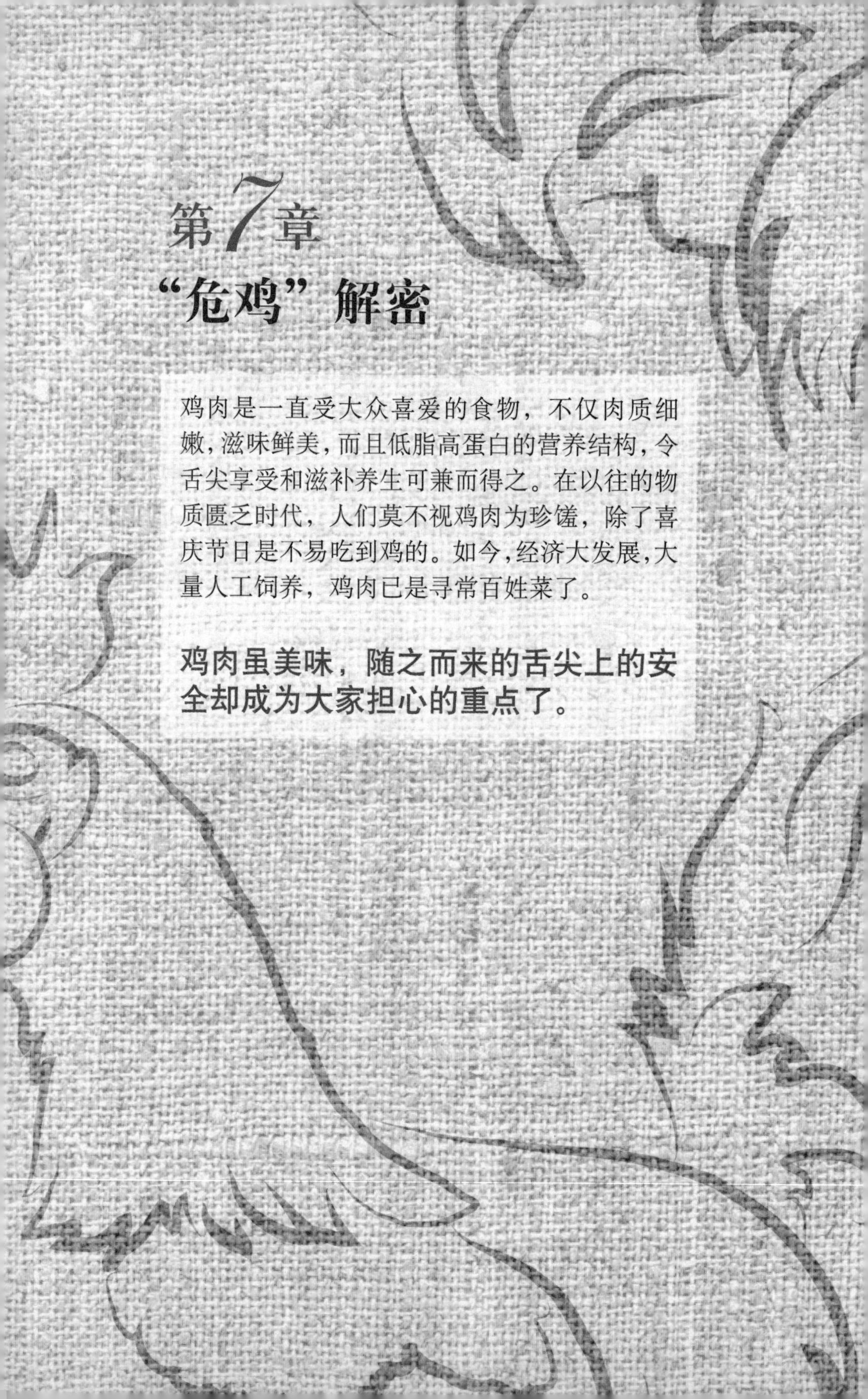

第7章
“危鸡”解密

鸡肉是一直受大众喜爱的食物，不仅肉质细嫩，滋味鲜美，而且低脂高蛋白的营养结构，令舌尖享受和滋补养生可兼而得之。在以往的物质匮乏时代，人们莫不视鸡肉为珍馐，除了喜庆节日是不易吃到鸡的。如今，经济大发展，大量人工饲养，鸡肉已是寻常百姓菜了。

鸡肉虽美味，随之而来的舌尖上的安全却成为大家担心的重点了。

“危鸡”四起

在近几年食品安全问题中，鸡的安全问题也频频发生，从“禽流感”到“激素速生鸡”，还有“药残鸡”“一只鸡八个翅膀”“最毒的鸡翅鸡爪”等，一时“危鸡”四起，各种关于鸡的话题好像从来没有间断过。人们不免有些闻鸡色变，产生各种疑问：所谓的“危鸡”真相如何？鸡肉还能吃吗？鸡应该怎么挑选，怎么烹饪才是健康安全之道呢？

“危鸡”一起——禽流感

近年来每当冬季来临，人感染禽流感的病例数量就会出现上升趋势，目前人感染的禽流感病毒就好似狙击手的出击，比较隐蔽，且是打散发的。它的隐蔽表现在目前为止H7N9病毒的暴露源还没有十分清楚；而打散发是说现在它还处于散发状态，还没有大规模的流行爆发。但是它对感染人群的死亡威胁较大，特别是对那些免疫能力差的老年感染者。

禽流感病毒并不是很轻易就能感染人，人传人的可能性现在也正在调查。不过城市的活禽市场现宰现卖是导致发病的危险因素。大家去菜市场买菜都有这样的经验，在活禽摊档往往有一个煺毛的设备，里面有热水，把鸡放在里面高速转动，这样就容易形成气溶胶，如果有病毒的话，从它附近经过的人就有可能吸入，这是首要可疑的导致人感染的暴露环境。所以有些省市采取了在冬季的一段时期内取消活禽交易市场的措施。虽然大规模人感染禽流感的危机还没有来临，但大家仍对食用鸡肉有一些心有余悸。那么禽流感到底离我们有多远，又应该如何保证在餐桌上安全地食用鸡肉呢？

老马食品安全攻略

煮熟烧透

2013 年国家食品安全风险评估中心发布了《H7N9 禽流感病毒的食品安全预防措施》，其中指出禽流感病毒普遍对热敏感，65℃加热 30 分钟或煮沸（100℃）2 分钟以上就可以把它“杀死”，并且 H7N9 病毒在屠宰后的禽类体内存活时间很短，所以食用屠宰好的鸡肉、冷鲜或冷冻鸡肉，只要高温加热，鸡肉的安全性可以得到保证。任何肉、蛋食物均应彻底煮熟食用，不要吃生的或半熟的鸡肉、鸭肉、鹅肉等禽肉，特别是注意不要吃还有血水的白斩鸡和半生不熟的流黄蛋。

那么烹饪时如何鉴别鸡肉已经符合安全条件了呢？其实很简单，烹调禽肉、蛋时，肉类变色、鸡蛋蛋白和蛋黄均凝固时，就说明熟透了。在炖炒鸡块前，也可以先用沸水焯一下，逼出肉中的血水，让风味更好，食用起来也更加安全。常见的烹调方法包括蒸、煮、炖、炒、油炸、熬汤等，温度一般都会在 65℃以上，只要保证烹调时间，基本不存在安全隐患。

远离活禽

接触活禽是人感染 H7N9 禽流感发病的危险因素，携带病毒的家禽及其排泄物、分泌物可能是人感染 H7N9 禽流感病毒的传染源。除了鸡之外，还尤其要警惕对鸭、鹅、鸽和野禽的接触，特别是鸭类等水禽是流感病毒的自然宿主，禽流感最初的感染源几乎都来自于水禽。日常生活中应尽量避免直接接触活禽类、鸟类或其粪便，若曾接触，需尽快用肥皂及水洗手；不要购买活禽自行宰杀，不购买无检疫证明的鲜、活、冻禽畜及其产品。还有注意防范野禽类，遇到不明野鸟不要近距离接触，看到死亡野鸟不要去碰，更不要捡回随便食用。

“危鸡”二起——鸡翅、鸡爪会致癌吗

边看电视边啃炸鸡翅成了很多年轻人的居家习惯，而鲍汁凤爪是不少女性喜爱的港粤菜点，但是微信、微博上频繁发布的消息真让大家倒吸一口凉气：“原来给鸡打的激素，注射部位通常都在鸡翅膀、鸡爪，故此常吃鸡翅膀或鸡爪，再加上女性激素分泌影响，令爱吃鸡翅膀或鸡爪的女士们特别容易患上子宫部位的肿瘤。所以奉劝大家少吃鸡翅膀或鸡爪为妙。现今社会女性有 80% 都容易得子宫肌瘤及巧克力囊肿。”真的是这样吗？

其实这是谣言，可以说发布这些消息的人没到过养鸡场，也没看过给鸡怎样打针喂药，更没有检测过鸡翅、鸡爪有没有激素，凭空想象就乱发一通。首先肉鸡生长过程中根本不需要打激素，肉鸡长得快主要依靠育种和饲料；其次一般情况下不会给鸡打针的，就算给药也是在饲料或水中混入的；给鸡打针的肌肉注射在鸡胸肌、肩肌、腿肌上比较多，特殊的皮下注射在鸡颈后部；还有检测结果证明，近年来有关部门对各地的农贸批发市场、连锁超市和快餐厅的鸡肉进行了 32 种激素检测，结果均未检出有激素。至于女性有 80% 都容易得子宫肌瘤及巧克力囊肿的说法根本没有科学数据支持，吓唬不明真相的人是这些谣言的常用伎俩。

老马食品安全攻略

鸡的“高危”部位

鸡身上的各个部位都被烹饪成各种美味佳肴，出现在人们的餐桌上。其实吃鸡，部位是有讲究的，鸡的有些部位的确存在安全隐患，但绝不是像鸡翅、鸡爪有激素的八卦，而是科学检测后的建议。接下来就为大家梳理一些鸡的“高危”部位，也就是不建议多吃的鸡的部位。

鸡屁股：又称“鸡尖”，指鸡屁股上端长尾羽的部位，肉肥嫩，一般会出现在饭店白斩鸡、盐焗鸡等整鸡菜肴中，也有一部分喜好者。但是从安全角度来看，这个部位是鸡淋巴腺集中的地方，因淋巴腺中的巨噬细胞会吞食病菌和病毒，可能还有致癌物质，但无法分解，因而毒素都会沉淀在臀尖内。时间一长，就很难保证鸡屁股里的毒素是否超标了。

鸡皮：这可以说是有一大批爱好者的食物，烧烤摊，烤鸡、炸鸡店，菜单上都可以单点鸡皮。从营养角度来说，鸡皮中的脂肪较多，胆固醇较高，每 100 克鸡皮的热量为 540 千卡左右，基本等于 2 碗饭，而去皮的鸡胸肉的卡路里，每 100 克只有 120 千卡左右。鸡皮不但热量很高，污染物含量也较高。尤其是烤鸡，经过烤制后，鸡皮中的胆固醇被氧化，形成胆固醇氧化产物，对人体会造成较大危害。若温度控制不当，还有可能产生致癌物。因此，吃鸡时最好去掉鸡皮，更不要用鸡皮来做菜。

鸡脖：和鸭脖子一样，也是很多年轻人的解馋零食。这个部位虽然肉很少，但血管和淋巴腺体却相对集中。如果一定要吃的话，吃时最好去掉皮，因为淋巴等一些排毒腺体都集中在颈部的皮下脂肪，这些腺体中有动物体内的毒素、饲料中的激素等。

鸡内脏：鸡体内的有害物质大多集中于肝脏代谢、解毒；肾脏与有害物质排泄有关。因此，尽管鸡肝等内脏营养价值较高且美味，但为了自己的健康，应减少食用次数和食用量。

“危鸡”三起——速生鸡＝激素鸡吗

在工作节奏飞快的今天，快餐店几乎天天生意火爆，炸鸡块、炸鸡翅等鸡肉类制品也是很多快餐店的主打产品，但是沸沸扬扬的“速生鸡是激素喂大的”“十几天就可以长成的肉鸡”的说法，令大家一头雾水。那么这些传言究竟是不是靠谱呢？我们就来一一分析。

在讨论这些所谓的危“鸡”之前，我们先要明确一个概念，关于某些快餐店一直被传使用激素的“速生鸡”，其实是一个国外引进的品种，名为白羽鸡。人们自然会把焦点集中在“速生”问题上，生长速度之快一直是白羽鸡被诟病的重要原因，但事实上，速生的白羽鸡是筛选育种的结果，并不是激素作用的结果，这是由品种决定的。实际上对于白羽鸡这种鸡种来说，45天出笼是非常正常的，生长并不需要激素，激素没有促进鸡肉生长的神秘力量，还会增加肉鸡患病风险，“偷鸡不成倒蚀把米”是给鸡使用激素的贴切形容。

所谓的“速生鸡”在国外早已有之，引进国内也有几十年的时间。作为一种大型鸡，成年的白羽鸡其实能长到10多千克，正常情况下，四五十天就可以长到2.5～3千克。目前在中国最普遍的鸡肉来自白羽鸡，白羽肉鸡产业是我国畜禽养殖产业中规模化养殖程度最高的产业，国内快餐店供应的鸡制品基本都是用这种鸡的肉制成。

流言 1：催熟鸡 10 天内长成

去网上查阅一下，会发现有许多自称在快餐店打工的人爆料说，快餐店的鸡在养鸡场很快就可以长成，仅用短短 10 天时间，这是真的吗？实际上白羽鸡的生长周期通常为 38 ~ 45 天，最早能达到 33 ~ 37 天出栏，养殖户要计算最佳的饲料投入和出肉率比，一般 2 千克不到的饲料可以让鸡长 1 千克肉，至于十几天的鸡还没有达到肉重指标，鸡还没成熟是没人要的。白羽鸡 45 天就能出栏，主要原因是遗传选育技术的进步，再加上合理的饲料和饲养技术条件。因此，这个流言并不靠谱，长得再快的鸡也不可能十天内速成，快餐店所使用的白羽鸡种一般生长周期在 45 天左右，并没有外界所传如此恐怖。

流言 2：速生鸡有八个翅膀

这恐怕是网上对速生鸡最大的争议了，不断有人在网上爆料说快餐店为了提高产量，鸡翅、鸡腿来源于养鸡场里的“蜈蚣鸡”，即一只鸡长了八只翅膀四条腿。各种类似的传言满天飞，首先可以肯定的是这种传说中的妖鸡都是谣传，并不真实存在。至于网上传的八翅妖鸡照片只要图像处理一下唾手可得。那么究竟这种被外界妖魔化的速生鸡长成什么样呢？

其实速生鸡的外形同正常的畜养鸡有很大不同，速生鸡的羽毛一般是白色，腿形粗壮，鸡冠也偏小，鸡爪肥大，比较明显的一点是，速生鸡因为各方面的生长都是速成，翅膀无力，因此飞不起来。

而非速生鸡典型代表是土鸡，有冠大、腿细、体瘦、鸡爪瘦硬、能跑、会飞等明显的特征。那么什么是土鸡呢？土鸡在江苏、浙江一带叫草鸡，在北方地区有叫柴鸡、笨鸡的，在南方广东一带又形象地被称为走地鸡。

小贴士

挑土鸡

一是看品种：我们习惯上把国外引进的肉鸡或蛋鸡叫洋鸡，而土鸡本身及其亲代、祖代鸡是在我国本地饲养成长的。土鸡包含多个类群，据不完全统计达八十多种，如清远麻鸡、固始鸡、北京油鸡、广西霞烟鸡、山东寿光鸡、琅琊鸡、芦花鸡等；有的是不含外来鸡的血液但也不具备品种鸡的特征，又有一定数量的当地鸡。

二是饲养方式：完全自然散养，不吃人工饲料，与引进鸡种、依靠复配人工饲料规模饲养的快大型洋鸡有明显区别。与国外专用型品种鸡相比，我国的土鸡大都是蛋肉兼用型的，重要特点是产蛋量少、生长速度慢。这种农家散养条件的土鸡很难觅到了，真正土鸡的生产无法满足现代社会的市场需求。

现在市场上肉鸡除了白羽鸡外，数量较多的就是黄羽肉鸡。我国有上千年的肉鸡养殖历史，各地的优质土鸡大部分为黄色羽毛，故名黄羽肉鸡，简称“黄鸡”。其实现在市场上的黄羽肉鸡也有“快大型”(74 天内出栏)、“中速型”(75 ~ 94 天出栏)和“优质型”(95 天后出栏)三类肉鸡。黄羽肉鸡的“快大型”品种，如浦东鸡、九斤黄、江村黄鸡等，与白羽肉鸡的特点差异已经明显缩小。黄羽肉鸡就是我们现在市场上常见的活鸡品种，如果要买口感好的鸡，最好挑选95天后出栏的“优质型”黄羽肉鸡。

由此可见，八个翅膀的传言也并不靠谱，但是因为白羽鸡的生长是速生的过程，尤其在口感上肯定不及生长期长的土鸡（柴鸡、草鸡）。活鸡可以看到明显区别，但是平时在超市里的冷冻鸡产品中，如何避免挑选到速生鸡呢？

老马食品安全攻略

从冷冻鸡制品分辨品种

冷冻鸡制品的辨别也不困难。速生鸡一般存在胸肉发达、肥胖、肤白粗糙、腿粗这几个特征，而非速生鸡则体型较瘦、腿细、肤细腻毛孔小、肤色微黄，还是比较容易区分的。此外对于冷冻鸡还有一个很好的辨别方法，因为速生鸡的生长发育较快，也就是我们俗称的“长得比较着急”，因此往往会出现钙质跟不上的情况。大家也可以回想一下快餐店的鸡肉，它的鸡腿骨很软很脆，容易掰断，而正常的土鸡则骨质很硬。有了这些标准，大家可以通过对比放心地在超市里选购冷冻鸡制品。

“危鸡”四起——药残鸡

虽然白羽鸡类的肉用鸡排除了激素的嫌疑，但是是否还有其他药物的问题呢？实际上白羽鸡有先天的基因缺陷，体质较弱，容易患病，死亡率也较其他品种更高。为了给鸡防病治病，有些养殖户违规超量用药，这样的白羽鸡就会存在安全问题。因此现在白羽鸡最关键的安全问题是药物残留的问题。

这个问题不但出在白羽鸡，其他的规模养殖鸡种，包括蛋用鸡等，多多少少都存在药物残留的问题。现在许多养鸡场都是高密度养殖，鸡挨着鸡，没什么活动空间，鸡棚内温度较高，一天也不见阳光，24 小时人工灯光照射扰乱生物钟促进其进食。这样的鸡很容易得病，养殖户最怕的是鸡得病，一死一大批，损失太大了，因此有些养鸡户从经济利益出发，采取不规范用药手段，特别是预防性用药泛滥，有的从幼鸡开始就喂药预防。

肉鸡平均每天长肉大概 50 克左右。7 天、14 天和 21 天的时候为了预防新城疫、流感、法氏囊等疾病，必须注射或者在饮水中加入相关疫苗，各种抗生素、磺胺药、抗球虫药一直要用到出栏前，还会为了让鸡皮发黄或增强红壳蛋的色泽等而使用各种添加剂。结果现在鸡得病越来越怪，无奈不停换抗生素类药。这些药物中有许多在鸡体内的排泄很慢，如果不注意合理用药，就很容易造成药物在动物体内的蓄积，最成问题的是没执行上市前的停药期规定。每种药物有其不同的停药期，如不按时停药，屠宰后鸡体内药物的残留就会超标。药物残留对人的危害主要表现为慢性中毒，绝大多数是通过长期接触或逐渐蓄积造成的，急性中毒的事件相对较少。

长期吃有超量药残的鸡，可能使人的机体体液免疫和细胞免疫功能下降，以致引发各种病变、疑难病症，或用药时产生不明原因的副作用，给临床诊治带来困难。比如，女性可能会常出现月经过多、经期紊乱、性功能紊乱等；还可能引发细菌耐药性的增强，导致生病需要抗生素时发生抗生素无效的严重后果。

老马食品安全攻略

如何避免买到病鸡

病鸡一般有以下特征：

（1）精神不振，鸡冠发紫，眼微闭，受吓不惊。

（2）鸡翅膀下垂，羽毛蓬松。

（3）不吃食，而且嗉子发硬有气体。

（4）鸡爪发热、烫手或冰冷。

（5）肛门脏，周围鸡毛有粪便。

（6）鸡粪是白色或绿色稀水。

小贴士

大家平时最多烹饪鸡的方式应该就是炖鸡汤了。看了那么多不太安全的鸡肉部位，一定觉得用鸡炖汤既营养又安全。但是在这里也要提醒一句，从营养角度来说，鸡汤的营养价值并不高，反而汤中鸡肉的营养比汤更高。鸡汤里的营养物质很有限，其中所含的营养物，是从鸡油、鸡皮、鸡肉和鸡骨内溶解出的少量水溶性的小分子蛋白质、脂肪和矿物质等。即便经过了长时间的文火烧炖，鸡汤里也只含有一些水溶性小分子物质，除此之外就是油和热量，嘌呤的含量也很大，汤里所含的蛋白质仅为鸡肉的 7% 左右，客观上来说营养并不高。所以以后大家要记住，喝鸡汤时，鸡肉可不要直接扔了，这可是很好的营养补充。

第8章

蔬菜农药残留——自测与自防

曾有一项食品安全问卷调查，问到什么是大家日常最关心的食品安全问题，统计结果中，果蔬的农药残留问题列在第二位。这说明现在果蔬的农药残留确实为消费者心头之患，尤其是蔬菜每天要吃，而且从营养要求来讲，选择蔬菜的品种和数量都要多些才好，如果农药残留过多，确实是影响身体健康的一大隐患。

那么消费者怎么辨识农药残留呢？

自测：怎样自测蔬菜农药残留

人的肉眼是无法看出蔬菜中农药残留量的高低的，所谓“菜叶有虫眼就是安全的”也不靠谱。因为菜叶有虫眼有两种可能性：一种可能确是由于没打农药，这些菜长了虫，一直到收割上市还没有打过药水，那么虫眼多的菜，农药残留是低的。但还有一种可能性更大些：菜农发现了虫害后，再补打农药杀虫，那问题可能比没有虫眼的蔬菜还要大。因为打药的时间离收割上市时间近，还有虫咬过的菜更容易被农药渗入组织内部，残留会更严重。所以看虫眼挑蔬菜不靠谱。

国家允许对蔬菜使用的农药，残留量超过国家标准最高限量的值也只是每千克菜有几毫克，甚至零点零几毫克的量，所以都是要靠精密的仪器才能分析出的，单凭眼看鼻闻手摸是无法测出的。

但是对有些国家禁止使用的有机磷类等高毒农药，现在有一种农药残留速测卡，不需要仪器设备和配制试剂就能单独使用。它是用对农药高度敏感的胆碱酯酶和显色剂做成的酶试纸，可以快速测出蔬菜中有机磷和氨基甲酸酯这两类用量较大、毒性较高的杀虫剂的残留情况。这种方法被蔬菜批发市场和有关食品监管部门用于蔬菜农药残留的快速检测和筛查，价格不高，简单易行，作为快速检测法虽然不精确，但用于初步判断还有一定作用。如果对要买的蔬菜不放心，尤其是叶菜类蔬菜，可以用它测试，只要 10 分钟左右就可以看出结果。不过话说回来，食品安全的监管监测是政府的职责，老百姓对不放心的食品自测也仅仅是无奈之举。

家庭厨房小实验

蔬菜农药残留自测

*准备材料

待测的蔬菜、农药残留速测卡（可在网上查询购买）。

*实验步骤

（1）擦去蔬菜表面泥土，滴 2 ~ 3 滴农残洗脱液在蔬菜表面，用另一片蔬菜在滴液处轻轻摩擦。
（2）取一片速测卡，撕去上盖膜，将蔬菜上的液滴滴在白色药片上。
（3）放置 10 分钟以上，这期间药片表面必须保持湿润。
（4）将速测卡对折，用手捏 3 分钟，使红色药片与白色药片叠合发生反应，根据白色药片的颜色变化判读结果。

*实验结果

白色药片不变色为强阳性结果，说明农药残留量较高；白色药片呈浅蓝色为弱阳性结果，说明农药残留量相对较低；白色药片变为天蓝色或与空白对照卡相同，为阴性结果。需注意的是，红色药片与白色药片叠合反应的时间以 3 分钟为准，3 分钟后蓝色会逐渐加深，24 小时后颜色会逐渐褪去。

*注意

（1）这种农药速测法不能对部分菊酯类（如百菌清、氯氰菊酯、氰戊菊酯）和某些杀虫剂类农药进行检测。
（2）此方法不适用于葱、蒜、萝卜、韭菜、芹菜、香菜、茭白、蘑菇及番茄中农药残留量的速测，因为这些蔬菜的汁液中，含有对酶有影响的植物次生物质，容易产生假阳性。

自防：怎样防范蔬菜的农药残留

1. 看品种

有些蔬菜品种具有抗虫性，会散发昆虫不喜欢的气味，比如香菜、洋葱、大蒜、大葱等。还有些长在土里的蔬菜虫害也少些，如土豆、萝卜、山药、芋艿、花生等。有些蔬菜有层防虫护甲，农药施得也少，比如南瓜、冬瓜类的瓜类，不过黄瓜例外，黄瓜在夏天的农药残留会高些。

可以避免多吃有高残留嫌疑的品种。根据我国各地对蔬菜农药检测数据分析，叶茎类的蔬菜农药残留较高，记住它们是：油菜、鸡毛菜、韭菜、茼蒿、小白菜、卷心菜、芥菜等。特别是韭菜，有人认为韭菜有特殊气味，虫子不喜欢，其实韭菜容易生“韭蛆”，这种虫在韭菜的根部，很难杀死。有些地区的菜农用农药给韭菜灌根，致使农药进入韭菜。还有卷心菜，别以为它层层卷起，只要把外层剥去，里面应该是安全的。实际上卷心菜中较多的虫叫“钻心虫”，有些菜农往往早在开始长菜心时就施农药了，药包在里面反而不易散发，残留也很高。有一种说法：凡是生长旺盛、生长期短的蔬菜农药残留低。此说也不靠谱。夏天蔬菜生命力最旺盛，但也是虫害最多的时候。尤其是鸡毛菜，生长期很短，往往菜一钻出土，虫就咬嫩芽，菜农不得不施杀虫剂。而且由于生长期短，往往农药残留还没有挥发就上市了。

一般地说蔬菜农药残留量根据种类特点有以下规律：

高：豆类——特别是豇豆；
绿叶菜类——特别是叶面大而多的鸡毛菜、青菜、韭菜等。

中：茄瓜果类——茄子、青椒、番茄、黄瓜、冬瓜。

低：食用菌类——香菇、木耳；
块茎根类——红薯、山药、土豆、萝卜、笋等；
水生类——莲藕、茭白等。

2. 看季节

一般地说，我国南方地区夏季是蔬菜中农药残留量超标的高危季节。这是因为气温高，蔬菜虫害增多，菜农不得不打农药。而且夏季蔬菜生长快，往往农药还没降解，菜就采收上市了。有些地区夏季蔬菜农药残留的检测不合格率甚至超 10%。夏季有些蔬菜特别需要防范，如鸡毛菜、小白菜、青菜、韭菜、卷心菜、芹菜，以及刀豆、豇豆等。可选择食用虫害较少、相对安全的蔬菜品种，如洋葱、大蒜、香菜（芫荽）、油麦菜、胡萝卜、藕等。

冬季生长的蔬菜，由于虫少药也少打了，比如冬天生长的青菜、大白菜等，又好吃又安全。

老马食品安全攻略

怎样安全清洗和烹调蔬菜

(1)清洗法

第一步，用流水将蔬菜洗净。

第二步，浸泡(用流水漂洗当然比浸泡的效果好，但是太浪费水了)。浸泡时间最好为15~20分钟。浸泡时间并不是越长越好，浸泡15分钟与浸泡60分钟，对农药残留的去除效果相差不多，而且浸泡时间太长反而会产生不利因素。浸泡时加入少量安全的果蔬清洗剂有利于去除农药残留。由于污染蔬菜的农药品种主要为有机磷类农药，它在碱性条件下会迅速分解，因此将蔬菜在碱水中浸泡5~15分钟可有效去除残留。

第三步，烹调前再用净水冲洗干净。特别是如果浸泡时使用了果蔬清洗剂，一定要注意把果蔬冲洗干净，因为清洗剂残留也会对人体造成损害。

(2)烹调法

随着温度升高，氨基甲酸酯类杀虫剂的分解会加快，所以夏季烹调蔬菜前，可以在清洗、浸泡的基础上，用开水漂烫，能去除大部分农药残留，同时还能除去硝酸盐等有害物质。

第9章 黑色食品与白色食品——黑白分明

黑与白，两种互相对立又息息相关的颜色，在养生热潮逐渐风行的现在，是人们追捧的健康养生食物的两大代表色。

黑色等深色食物因为多富含黑色素、花青素等抗氧化和防衰老成分被奉为养生佳品，黑色食物中，尤其黑木耳、黑米、黑豆、黑芝麻等是许多中老年人养生进补的选择。而白色食物更因为中国传统饮食习惯的传承，一直是大家餐桌上的主食；尤其是大米大家天天都会吃，是我们最基础的营养来源。那么这两种颜色的养生食物会存在哪些安全问题呢？随着黑芝麻、黑木耳染色，年糕漂白，黄曲霉毒素大米的新闻一条条被曝出，这两种颜色的养生方式一次次被推上风口浪尖。

如何辨识这些黑与白的陷阱呢？

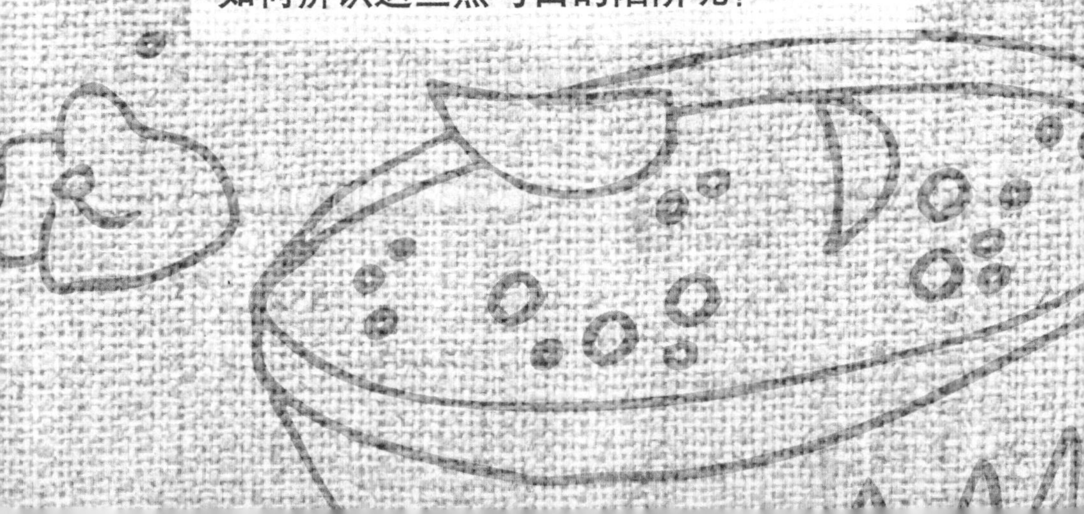

黑色养生，黑心商家的“主战场”

黑木耳是“血管清道夫”，黑芝麻、黑豆，黑米等因为富含黑色素、花青素等，能抗氧化，抗衰老，这些貌不惊人的黑色食物，近几年来形成了一种养生流行趋势。特别是中老年养生爱好者，各种黑色食物做成的点心、菜肴成了他们每天生活中的一部分。但是关于黑色食物的负面新闻不断被曝出，黑色养生食物的市场似乎变成了黑心商家的“主战场”，那么应该如何远离这些安全陷阱呢？

化学掺假——黑木耳挑选有讲究

黑木耳被誉为“素中之荤”和“素中之王”，每100克干木耳中含铁97.4毫克左右，是动物性食品中含铁量最高的猪肝的22倍，是各种荤素食品中含铁量最多的。黑木耳中有黑木耳多糖等物质，它有较强的抗凝血活性，有抗血栓、降血脂、降低胆固醇等作用，对预防心血管疾病有着不错的功效，所以特别受中老年人的青睐。

可是现在市面上的黑木耳种类众多，质量又参差不齐，一般消费者很难分辨，接下来就给大家介绍一些实用的小妙招，教你如何挑选到质量上佳的黑木耳。

老马食品安全攻略

四步挑选黑木耳

第一步看：看朵形大小，大而薄为上品，朵形小为次。看耳瓣卷曲度，略展的为上品，耳瓣卷而粗厚或有僵块的为最次。

再看朵面色泽，黑而光泽的是最好的选择。

第二步摸：正品黑木耳表面触感光滑，脆而易断，较轻。一些不法商家用化学物质浸泡而成的乌黑发亮的黑木耳，用手摸就会发现潮湿感，较重。

第三步闻：好木耳清香无异味，劣质的有刺鼻酸味。

第四步泡：优质木耳重量轻，但水泡后膨胀性大。市场上有一种加了硫酸镁、糖和盐做成的掺假木耳，质量会比较重。比较简单的方法就是将它放在温水中，它很快会沉到水底，泡胀后还会粘手。如果一泡还会脱色的，则是添加了色素。

总之挑选黑木耳要记住“轻、清、清”三个字，就是“分量要轻，气味清香，滋味清淡”，这样可以帮助你挑到优质黑木耳。

染色危机——黑心芝麻令人忧

冬天来上一碗热腾腾的黑芝麻糊，暖胃又暖心，尤其是对于很多中老年黑色养生食物爱好者，黑芝麻是他们每天都必不可少的一种进补佳品，因为其中含有大量的脂肪和蛋白质，还有糖类、维生素A、维生素E、卵磷脂、钙、铁、铬等营养成分。黑芝麻可以做成各种美味的食品，营养价值十分丰富，尤其其中含有的黑色素是个好东西，它有较强的抗氧化功能，可以减少自由基的产生，清除老化代谢产物，提高抗氧化酶的活性，有助于延缓皮肤衰老，确是令人欢喜的食品。但同时令人担忧的是，染色这个词好像从来没有离开过大家的视线，全国各地的新闻都曾经曝出过消费者买到染色黑芝麻的事件。如此亲民的进补佳品，质量却屡屡遭受质疑，那么应该选择怎样的黑芝麻，才能安心喝上一碗暖心的黑芝麻糊呢？

老马食品安全攻略

鉴别染色黑芝麻

最简单的方法就是用手指掐去尖端。天然黑芝麻有块针尖大小的白色或黄色部分，也就是黑芝麻的胚芽，而染色的黑芝麻绝对不会有。另外还可以推荐大家一种实用的小方法，将买来的黑芝麻置于湿纸巾的中间，然后合上纸巾，包裹着黑芝麻反复揉搓，染色的黑芝麻会出现些许掉色现象，黑心的劣质品就会立现原形。

小贴士

如果大家想要选择黑芝麻进补，那么推荐大家一个窍门，因为芝麻外面有一层膜，原粒芝麻进入肠胃难以消化，大部分没分解就已被排出，所以买来之后将芝麻打成粉，营养更容易被吸收。

同病相怜——黑米黑豆难幸免

作为黑色养生食物家族的成员，黑米和黑豆因为富含能抗氧化的黑色素、花青素等有效成分逐渐被大家接受认可。黑米含有大米所缺乏的维生素 C、叶绿素、花青素、胡萝卜素等特殊成分，用黑米熬制的米粥清香油亮，软糯适口，营养丰富，具有很好的滋补作用，因此被称为“补血米”“长寿米”等。而黑豆具有高蛋白、低热量的特性，据研究发现，黑豆皮提取物能提高机体对铁元素的吸收，带皮食用黑豆能改善贫血症状。中国民间也流传着“逢黑必补”之说，但是这几种黑色的养生食物同样存在着掺假染色的风险，在此用第 118 页的小实验支上一招，为大家的黑色养生保驾护航。

白色隐患，传统主食也遭质疑

相比黑色食物养生的兴起，以大米、年糕、糯米为代表的白色食物是更为传统的，每顿一碗香喷喷的白米饭，每逢元宵一碗热腾腾的汤圆，每当过年时寓意年年高的年糕，无不代表对中国传统饮食文化的传承，可是就是这些离我们最近的、最容易忽视的白色食品，被曝光的问题却令人忧心忡忡，利欲熏心的不法商家，已经把“毒”手伸向这些最平民的食品。

劣质大米——谁知盘中餐

谁知盘中餐，粒粒皆辛苦，米饭从古至今都是中国南方老百姓每天离不开的主食。当然我国以大米为主的粮食质量

家庭厨房小实验

之前提到的黑芝麻、黑米、黑豆等各种含有花青素的养生食物都可用这个实验来鉴别，方法如下。

右上图：是正常的黑米，遇酸变红

鉴别黑色食物通用妙招

***准备材料**

需要检验的黑米，白醋，小盘子。

***实验步骤**

将需要检验的黑米倒入小盘子中，在黑米上滴少量白醋，静置一段时间，即可进行鉴别。

***原理**

酸红碱蓝，相信大家一定不会陌生，它可以说是对所有含有花青素的深色食物都通用的鉴别方法，仅仅需要家中常备的白醋来起到酸性的作用。如果黑米浸泡在白醋中颜色变为红色，说明是正常的。如果加入白醋，颜色无任何变化，则说明品质存在问题。

***提醒**

酸红碱蓝，我们之前用的是酸性物质检验，如果加入小苏打等碱性物质，观察是否变蓝，同样可以检验黑米质量。

安全基本是有保障的，近年来国家和地方的相关监管部门发布的大米质量抽查合格率都达九成以上。但是近年来大米的食品安全事件也时有发生，大米也没有逃过不法商家的毒手，假大米，毒大米，镉大米，全国各地多次查获陈米翻新的假新米，多个批次大米重金属超标等，一时间让大米安全频受质疑。

老马食品安全攻略

五步法挑大米

我们一般选购大米都会去超市或者大卖场，可是琳琅满目的种类、产地不禁让人们挑花了眼，价格、质量都参差不齐的大米市场，怎样才能挑选出其中的精品呢？当然看标签是第一步，米袋上必须标注生产日期、产品名称、生产企业名称和地址、净含量、保质期、质量等级及其他特殊标注的内容，其中生产日期是识别新大米最关键之处。另外，可查看包装上是否有国家强制性规定的“QS”认证标志，再接下来就是基本的“五步法”鉴别：

第一步看：正常的大米颗粒大小均匀、玉色有光泽。如米粒有霉点、显青绿色或色泽暗淡、凹陷处有黄色或淡黑色污点、芽胚部白色成分少等，有可能是陈米。

第二步摸：将手在米中上下反复插几次，如果手上留有少量米粉是正常米；如果摸在手上很粗糙，有大量暗灰色米粉和杂质，可能是陈米；如果手上光滑、油腻、发亮、无粉末，就可能是掺油米。

第三步闻：取少量大米用手摩擦发热，然后闻其气味，新米具有清香味，陈米无香味，翻新米香味不自然。

第四步尝：取几粒大米放入口中细细咀嚼，新大米较硬，无异味；陈米较松，有陈旧味。

第五步泡：将少许大米倒入玻璃杯中，注入60℃的热水，盖上杯盖经5分钟后，启盖闻有无异味，如见油腻感，有农药味、矿物油味、霉味等，表明米已被严重污染，不可食用。

以次充好——陈年大米翻新米

近几年来，陈年大米通过翻新冒充新米上市的新闻屡见不鲜，不法商贩只要通过很简单的抛光等几个步骤，就可以将库存积压的陈年大米在市场上卖出刚上市的新米价格，巨大的利益驱使他们把对消费者的安全承诺抛之脑后。那么如果你在超市购买新米，各种品种，各种产地，如何看出哪些新米可能是陈米做假的呢？

老马食品安全攻略

新米和陈米三分法

除了前述的对大米一般可用“五步法”鉴别外，专对新米和陈米可进一步用“三分法”区别。

一分外观：新米颗粒饱满、色泽清白透玉色；而大米陈化现象较重时，表面呈灰粉状或有白道沟纹，其量越多则说明大米越陈旧。陈米色泽变暗，黏性降低，此外米粒发黄，主要是由于大米中某些营养成分在一定的条件下发生了化学反应，或是大米粒中微生物繁殖所引起的。

二分气味：取少量米粒，用手搓热，然后闻气味，存放一年的陈米只有米糠味，没有清香味。

三分硬度：挑选时用牙咬，米粒硬度大，质量较好。硬度是由大米中蛋白质含量多少所决定的，大米的硬度越强，说明蛋白质含量越高，其透明度也会越好。一般情况下，新米比陈米硬，水分低的米比水分高的米硬，晚米比早米硬。

小贴士

如何把大米吃得健康

（1）“食要厌精”

现在的大米加工太精了，外观和口感是好了，但精制大米仅保留胚乳，将其余部分营养全部脱去了。稻谷中除碳水化合物以外的营养成分（如蛋白质、脂肪、纤维素、矿物质和维生素）大部分都集中在种皮、外胚乳、糊粉层和胚（即通常所说的糠层）中，因此糙米口感虽然粗糙，但营养价值明显优于精制大米。当然纯吃糙米也难吃，可以在煮粥时混入点糙米。糙米、黑米、胚芽米等也可以和精米搭配吃。口感较细的糯米等要尽量少吃，摄入过多不利消化，对血糖血脂都会产生负面影响。

（2）“五谷要分”

要分清五谷杂粮的各种特点和营养价值，尽量吃得杂一点。

五谷一般指稻谷、麦子、大豆、玉米、薯类，而习惯地将米和面粉以外的粮食称作杂粮，所以五谷杂粮也泛指粮食作物。古人就有“五谷为养”的饮食调养理念；现代营养学认为，最好的饮食其实是平衡膳食，平衡膳食的第一原则就要求食物要尽量多样化。主食也要多样化，只吃精米、白面是不符合平衡膳食原则的，还要吃粗杂粮，如小米、玉米、荞麦、高粱、燕麦等。粗杂粮的铁、镁、锌、硒等微量元素和钾、钙、维生素E、叶酸、生物类黄酮的含量也比细粮丰富，这些对人体健康的价值是相当大的。粗杂粮还有助于糖尿病患者的血糖控制。尤其是中老年人多吃些类似“腊八粥”“八宝粥”的杂粮粥不错，轮换加点燕麦、玉米、小米、红薯、各种豆类、坚果类就更好了。注意颜色也要丰富一些，红的血糯米、黄的玉米、绿的绿豆、白的薏米、紫的紫薯等，都可根据自己的需要和季节的特点选换，其实颜色就是这些杂粮内在营养物质的外现。

节日危机——年糕糯米齐中枪

每逢春节，餐桌上总少不了寓意“年年高”的年糕，正月十五汤圆也是年年唱主角，寓意“团团圆圆”。这两大过年风俗，从古传承至今，但是大家有没有想过，这两样传统美食热销的背后，食品安全危机同样值得我们关注。

老马食品安全攻略

年糕汤圆如何挑

很多地方卖的散装年糕，看上去白亮光鲜，很新鲜，但挑选年糕并非越白越好。太白亮的年糕有可能就是不法商家把陈米、发霉的米经二氧化硫等漂白磨浆制成的"变脸"米制品。就年糕来说，第一要看，如果颜色过于光亮，要提高警惕。第二闻气味，是否刺鼻有异味。

接下来说说汤圆，大家都知道，汤圆是糯米粉制成的，但是有些不法商贩在糯米粉中掺入大米粉，以达到低成本赚取暴利的目的，这样的现象还是比较普遍的，同样我们有简单几步可以分辨出糯米粉的真假。

首先也是看，糯米粉呈乳白色，缺乏光泽，大米粉色白清亮。

第二步，用手指去搓一搓那些粉粒，糯米粉粉粒粗，大米粉粉粒细。

第三步，就是用水试了，糯米粉调成的面团，手捏黏性大，而大米粉黏性小。

家庭厨房小实验

掺假糯米粉掺入了品质差，成本低廉的大米粉，对于消费者是一种欺诈行为。那么如何从糯米粉中揪出大米粉呢？

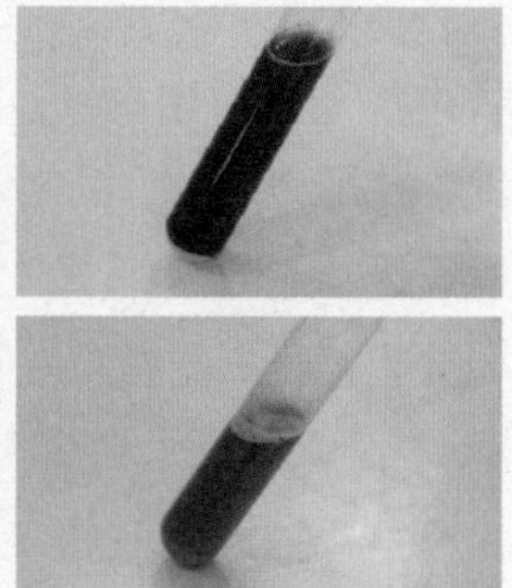

右上图：未掺大米粉的糯米粉　右下图：掺入大米粉的糯米粉

糯米粉掺大米粉的鉴别

***准备材料**

需要检验的糯米粉、碘酒、纯净水、小试管或小玻璃杯。

***实验步骤**

（1）将需要检验的糯米粉倒入小试管或小玻璃杯中，再在试管中倒入5毫升纯净水，混匀溶解。

（2）往试管中慢慢滴入碘酒数滴。

***实验结果和原理**

如果出现溶液变为蓝色，则说明检验的糯米粉中加入了大米粉。如仅保持碘酒原来的颜色则说明该糯米粉并无掺假。

大米中含直链淀粉较多，而糯米中的直链淀粉含量几乎为零，都是支链淀粉。糯米粉中的支链淀粉与碘反应显紫红色，所以加在糯米粉水溶液中变色现象不明显；而大米粉因为含直链淀粉，与碘反应显紫蓝色，一旦出现蓝色很容易看出。

第10章 问题水果揭秘——前因后果

如果崇尚健康的生活方式，水果一定是日常饮食中不可缺少的。近年来随着进口水果纷纷出现在国内市场，水果行业的竞争也越来越激烈。挑水果不仅要味道好，还要卖相好，上市快，才能获得更多利润，于是，打针西瓜、染色橙、打蜡苹果、催熟香蕉、激素草莓，这些刺眼的名词不断映入百姓的眼中。那么是什么原因造出如此不正常的水果？这些所谓的化学手段包装下的水果真的存在吗？会产生什么后果？

我们应该如何挑选水果呢？

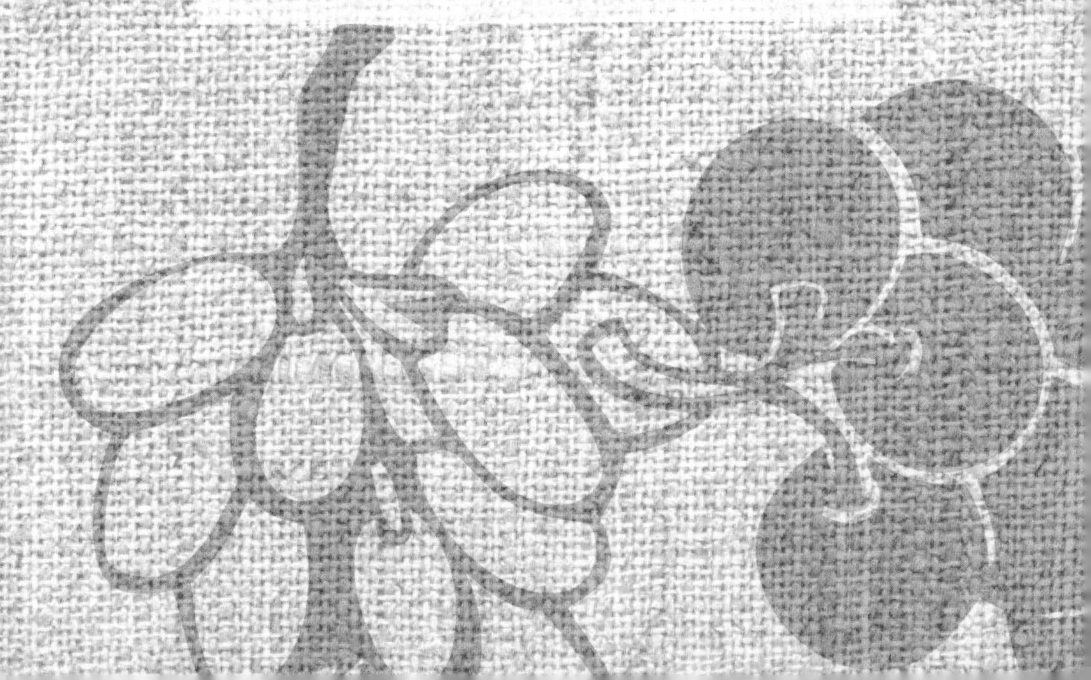

打针西瓜的前因后果

夏天，最热门的水果当属西瓜。炎炎夏日，捧着一块西瓜解暑，是很多人最喜欢的事，然而，也是每到吃西瓜的季节，“打针西瓜”的消息都会在网上流传并引发热议。传言说黑心商贩为了让西瓜卖个好价钱，往瓜里注射甜蜜素和胭脂红等食品添加剂，还未成熟的西瓜转眼变熟瓜，且注射后的西瓜“瓤红味甜”，可以卖个好价钱，这样的消息让很多人忧心忡忡。情况真的是这样吗?

其实，“打针西瓜”一说只是传言，并不可相信，只要细想就会发现，给西瓜打针，其难度绝对比老老实实种出一个西瓜还要难，不信大家可以自己买个西瓜打针试试。为了验证打针西瓜的可行性，我们按照传言的内容，对西瓜进行了打针实验。

网上疯传着一些图片，说是打针西瓜的证据。这些西瓜看起来确实与平常的西瓜不太一样，从瓜蒂的部分扩散出一些黄色的或白色纤维状物质，像是打过针的痕迹，那么这些真的是“打针西瓜”的证据吗?

家庭厨房小实验

“西瓜打针”是否可行，一试便知。

西瓜打针

***准备材料**

市场里买来的普通西瓜一个，针管，胭脂红色素，甜味剂，纯净水。

***实验步骤**

尝试为西瓜打针，注入胭脂红色素和甜味剂的混合溶液。

***实验结果**

结果一：针头易被西瓜瓤堵住

吸上大半管溶解后的胭脂红色素后，将针头扎入西瓜瓜蒂周围，结果新拆开的一次性针管在插入西瓜后，只能推进去一点点液体，就无法再推进。使出更大的力气推送针管，发现强行推出的液体只会顺着针头向针眼外溢出，无法进入西瓜内部。将针头拔出，发现针管前端残留了许多瓜肉，瓜肉堵塞了针头，这才使得针管内的液体无法推入西瓜内。

结果二：针孔难隐藏

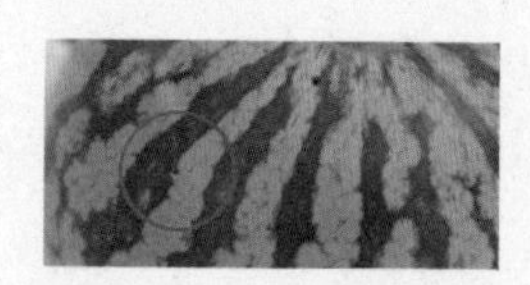

给西瓜注射后的针眼十分明显，细一点的针头扎过的针孔也会出现小黑圈，仔细看还是会发现。

结果三：液体难扩散

到底西瓜有没有被染色呢？我们将西瓜切开，发现红色瓜瓤上，仅有针管注射的附近一小块瓜肉被胭脂红染成了红色，其他地方的瓜肉没有变色，也就是说即使给西瓜注射，注射的范围也会非常有限，打针后在颜色上很容易辨别，想要将整个西瓜变成统一的颜色，几乎没有可行性。

结果四：西瓜易腐烂

一旦针头进入西瓜皮，就会留下不可愈合的针眼，微生物侵入果肉，不用半天，西瓜就有可能腐烂了。这种得不偿失的买卖，哪个瓜农会做?

因而可以告诉大家，“打针西瓜”纯属谣言。

如果仔细观察，就会发现这些所谓“打针西瓜”条带的排列是有规则的。我们在吃甜瓜和冬瓜时会扔掉挂着种子的“白瓤”，这些瓤就是胎座。作为同属葫芦科的成员，西瓜也有类似的胎座，而且是胎座发育的一个极致，膨大了把整个果实内部空间占据了，我们吃的西瓜瓤其实就是它的胎座。作为供给种子营养的组织，胎座中有维管束，在西瓜成熟过程中，这些维管束就逐渐降解，所以我们在吃西瓜的时候不会发现它们。但是由于肥料、品种等因素的影响，有些西瓜的维管束纤维没有被降解，甚至发生了木质化，从而形成了黄白色的条带。这样的西瓜也被称为“黄带果”。所以所谓“打针西瓜”的条带其实就是没有降解的维管束。那为什么这些西瓜会如此与众不同，出现了如此清晰的黄条带，而其他西瓜却没有呢？其实，西瓜的成长过程受环境和自身条件的影响，也有优等生和差等生之分，这些黄带果只能说是西瓜里的差等生，但也绝不是“打针西瓜”。

黄带果出现的前因是什么呢？实际上由于果实缺钙、氮肥施用过多、果实生长后期遭遇低温、砧木选用不当、西瓜品种差异等原因，都可能造成黄带果。

虽然买到黄带果并不代表是经过化学加工的“打针西瓜”，但相信人人都喜欢“优等生”而不愿买到“差等生”。那么挑西瓜有什么诀窍呢？

老马食品安全攻略

五招挑西瓜

第一招：看瓜色

花皮瓜类，要纹路清楚，深浅分明；黑皮瓜类，要皮色乌黑，带有光泽，瓜皮上有一层薄薄的白霜、瓜藤有细绒，那就是新鲜的瓜，时间放得过久的瓜皮色会发暗。

第二招：看瓜脐和瓜蒂

无论哪种瓜，瓜蒂、瓜脐部位向里凹陷深，藤柄向下贴近瓜皮，近蒂部粗壮青绿，都是成熟的标志。

第三招：看瓜形

喷洒农药和养分吸收不均匀的西瓜，易出现歪瓜，如两头不对称、中间凹陷、头尾膨大等，表面有色斑或色差大，这种歪瓜不要买。正常的西瓜的外形应是球形或椭圆形的，且表面平整光滑，瓜皮滑而硬则为好瓜，瓜皮黏或发软则为次瓜。

第四招：弹瓜皮

将西瓜托在手中，用食指和中指弹击西瓜，有“咚咚”声，而且托瓜的手感觉有颤动的是熟瓜；发“嘣嘣”声，手感觉不到颤动的是生瓜；如果西瓜发出“噗噗”的闷响，一般是熟过头了。

第五招：掂瓜重

成熟度越高的西瓜，其密度就越小，会浮在水上；生瓜密度大，会沉在水底。就是说一般同样大小的西瓜，掂掂分量，过重的则是生瓜。

打蜡苹果合法吗

早前有媒体曝光说，现在市面上90%的苹果都会打蜡。这可吓坏了很多喜欢吃苹果的人。俗话说：“一天一苹果，医生远离我。”苹果可以说是最普遍的健康水果之一，可如今，这平凡的苹果也变得不平凡，穿上了华丽的“外套”，外表裹上了厚厚的一层蜡，变得好看而不好吃，那么这种打蜡苹果又是怎么回事呢？

火红火红的蛇果，娇艳欲滴的青苹果，金灿灿的黄苹果，如果没有打蜡，我们很难吃到这些进口的水果，因为新鲜水果水分充足，很容易滋生微生物，造成变质腐烂。而且长途运输时间久，如果加上储存条件不当，很容易就变得皱巴巴，没有了水分。如果是这样的水果，你还会花大价钱去买吗？可是，很多人不禁要问，给苹果打蜡，难道是合理合法的吗？

其实，给水果打蜡是一种国家允许使用的保鲜技术，但前提条件是必须使用符合国家标准规定的果蜡，根据生产需要适量添加，打的蜡应该有无毒、无味、无污染、无副作用的食用蜡，怕就怕一些非法经营者使用劣质蜡或者工业蜡。

苹果皮上的蜡常见的有以下三种：

1. 天然果蜡

苹果表面本身带有的天然果蜡。其实即使我们不人为地给苹果打蜡，它的外表也覆盖着一层蜡，这种蜡来自于水果本身，因而叫果蜡，是一种脂类成分，是水果为了保护自己，自然产生的包裹自身的一种植物保护层，它可以有效地防止外界微生物、农药等入侵果肉，就好比我们人体自身会分泌油脂和角质来保护自己一样。这是无需去除的。只不过这层天生的果蜡不怎么耐用，如果长途运输或长时间储存，它就起不了什么大作用了，这时候，就需要人为为它们加一层保护膜——食用蜡。

2. 食用蜡

食用蜡也叫人工果蜡，是模仿果蜡而生产的。我国的食品添加剂标准有以天然动植物蜡（如棕榈蜡）或天然动植物胶（如紫胶）为成膜剂，在一定温度下反应制成的食品添加剂吗啉脂肪酸盐果蜡（简称食品添加剂 CFW 果蜡）。这种物质本身对身体并无害处，其作用主要是用来保鲜，防止苹果在长途运输、长时间储存中腐烂变质。要去除这层蜡也很简单，直接用热水冲洗即可。

3. 工业蜡

一些不法商贩为了降低成本，用价格非常便宜的工业石蜡来代替食品添加剂果蜡。这种石蜡和我们平时用的蜡烛非常相似，里面含有汞和铅等重金属物质，本来是工业用途，一旦用在水果上，会使有害物质通过果皮渗透进果肉，给人体带来危害。

老马食品安全攻略

吃水果要去皮除蜡

由于还无法用简单的方法来区别食用蜡和工业蜡，为了安全起见，吃苹果还是要去皮为好。就算水果打蜡用的是食品添加剂果蜡，但经远途运输和长期储存，果皮会有各种微生物污染和环境污染；有的苹果可能还用保鲜剂等化学品处理过，多少有点残留，可能渗入果蜡中，还是去掉比较好。将水果泡在70℃的水里，蜡溶化之后在水中会形成一层膜。把水果浸两分钟，再快速拿出来就行了。不过除蜡后的水果要马上吃掉，不能再保存。

染色橙的前因后果

2013年秋冬之际，全国部分市场出现赣南“染色脐橙”，有的赣南脐橙甚至被检测出苏丹红，引起了社会广泛关注，一时相关新闻可谓铺天盖地。各地多家媒体报道导致赣南脐橙进入走量减缓、价格降低的困境，对当地果农造成极大伤害，对赣南脐橙这一水果品牌乃至地方形象都造成了巨大的损害。

针对这一问题，当时赣州市人民政府召开了新闻发布会，当地领导做了情况说明，表示染色脐橙只是个别不法经销商的个别行为，赣南脐橙协会也通过媒体发布联合声明表示，坚决对染色说"不"，将加强行业自律、自觉维护赣南脐橙品牌声誉。那么这染了色的橙子到底是怎么回事，其前因后果又是什么呢？

其实，橙子染色是为了商业利益，掩盖新鲜水果本色缺陷的违规行为。原因是一些商贩为了橙子可以提早上市，卖个好价钱，给橙子做起了美容。还没有完全成熟、颜色没那么鲜艳、光泽也没那么鲜亮的橙子，染个色，打个蜡，摇身一变就成了色泽饱满、让人垂涎欲滴的"染色橙"。另外一方面原因是水果的保鲜要求非常高，在储存、运输的过程中，一不小心就会对水果造成损害，这时不法商贩为了掩盖水果外观不好的部分，就会给橙子染色。经过美容的橙子，身价也随之倍涨，本色的橙子，大多色相不好，或者不太新鲜，原本批发价最多 1.8 元 /500 克，但经过"美容"，可以卖到 2.5 元 /500 克，而"美容费"只需要 0.15 ～ 0.2 元 /500 克。这巨大的利润怎能不让商贩们趋之若鹜呢？

我国规定不允许给新鲜的水果染色，虽然目前发现的染色水果比例不大，但还是应加防范的。国家有明确规定，食品添加剂不允许用于掩盖食品本身的缺陷或者造假，橙子染色则涉嫌造假，对消费者构成欺诈。根据国家有关食品添加剂的标准规定，人工合成色素严禁超范围使用在新鲜水果上，否则会给人体健康带来各种隐患。

老马食品安全攻略

如何辨别染色橙

染色橙通常带有一股化学物质的刺激味道，没有染色的橙子闻起来有股淡淡的清香味。

染过色的橙子表面看起来特别红艳，仔细观察会发现表皮皮孔有红色斑点，一些橙子表面甚至有红色残留物；没染色的橙子表皮皮孔较多，摸起来比较粗糙。

染色严重的橙子，橙蒂也会变成红色；没染色的橙子，橙蒂是白绿相间的。

染过色的橙子，表面摸起来黏黏的；没染色的橙子，摸起来比较自然。

用湿巾擦拭橙子表面，如果湿巾变红，说明橙子可能被染色；没染色的橙子，湿巾擦拭后只能看到淡淡的黄色。

此外，我们去挑选橙子时，看到一整筐的橙子颜色也可以做出判断。染色橙最大的特点就是色泽均匀，不管是一大堆橙子还是一个橙子，因为它都是大批量加工的，颜色都一样。其实，原始的橙子由于收获时期和光照不均等因素，橙子之间的颜色是不同的，即使同一个橙子，橙脐和橙蒂两端的颜色也是不一样的。因此我们看到水果店卖的橙子颜色均匀，红彤彤的，非常诱人，一定要多个心眼。

小贴士

橙子、香蕉等去皮吃的水果要洗吗

很多人吃剥皮的水果都不洗，其实这是错误的，这样做可能会误食化学物质。现在很多用于水果保鲜的保鲜剂中都会混有多菌灵等杀菌药物，在给水果做保鲜处理时，一般先把水果放在保鲜剂中浸泡 1 ~ 2 分钟，然后捞起晾干，因此很多药剂残留在果皮上。如果我们不提前清洗，手在接触水果时就会沾染到这些化学物质，进而会污染到果肉，造成误食。因此，安全起见，即使吃剥皮水果也一定要先洗干净。

水果是易腐烂、易变质的东西，往往很多水果买回来，还来不及吃，就坏掉了，这让很多人心痛不已，即使放冰箱，也并没有太大效果。那么，水果有没有什么有效的保鲜方法呢？老马告诉你，是有的！

水果从树上摘下来以后，还是会呼吸的，也是不断氧化的过程，这种氧化可以使不怎么成熟的水果变成熟，也会使已经成熟的水果变坏掉，我们只要断绝了水果氧化的环境，使水果不能呼吸，无法继续氧化，就可以保鲜。具体可见下页的实验。

家庭厨房小实验

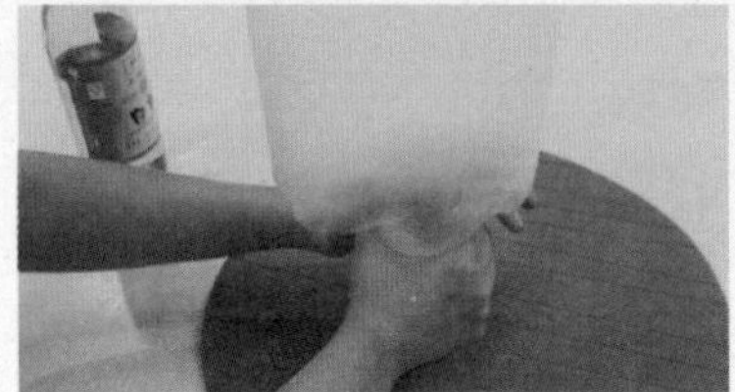

保存水果有妙招

***实验材料**

窄口瓶子、小苏打、白醋、保鲜袋。

***实验步骤**

（1）把小苏打放入瓶子里，再向瓶子中倒入白醋，小苏打和白醋产生快速反应，会在短时间内产生大量二氧化碳气体。
（2）把保鲜袋口朝下罩在瓶子口，捏紧保鲜袋口，尽量不要留有缝隙。由于瓶子容积有限，无法容纳小苏打和白醋产生的大量二氧化碳，多出来的二氧化碳就会逐渐溢出，进入保鲜袋中。
（3）待保鲜袋已经微微鼓起后，捏紧袋口，翻转使袋口朝上。二氧化碳的密度大于空气，即使打开袋口，二氧化碳也会沉积在保鲜袋底部不消散，这时打开袋口放入水果，扎紧袋口即可。

***实验结果**

避免氧化，是保存水果的诀窍。只要袋口扎得够紧，水果的保质期会明显延长。

第11章 “油”其关键——安全篇

世界卫生组织建议，每人每天的食用油摄入量不宜超过 25 克。如果一个人活到 80 岁，以 25 克为例，那么他一生总共会吃进 630 千克，相当于 5 升装的大桶油 126 桶。我国食用油人均年消费量为 20 多千克，如果我们吃进的油不健康，以此推算，将会是多么可怕的一件事……

因此选好每天的食用油尤其关键。

安全尤其重要

提到食用油的安全问题，多数人头脑里闪过的第一个词都是“地沟油”。2011 年，由公安部统一指挥浙江、山东、河南等地公安机关，历时 4 个月，成功破获了一起特大利用“地沟油”制售食用油案件，这也是全国公安机关首次全环节侦破非法收购“地沟油”炼制食用油，并通过粮油公司销售给群众的案件。由此，“地沟油”流向餐桌的传闻得到证实。

很多人都认为“地沟油”是从地沟里捞出来的那种黏腻腻、湿哒哒、肮脏、恶心的油脂，经过再加工端上我们的餐桌。其实不尽然，目前实际遇到最多的是餐厨废弃油脂，特别是煎炸废弃油，那些反复加热或高温煎炸后的回收油危害尤其严重。

餐厨废弃油脂经过滤精炼，杂质可以滤除，微生物指标和水分指标可以合格，颜色也可以变浅，一切可以看起来很正常。但是，这些油经多次加热和氧化带来的危害是无法去除的。

“回用油”尤其多见

日常生活中，食用油多次加热使用后回用的现象尤其多见。比如去餐馆吃饭，厨师为了菜的卖相好看，口感脆爽，很多食材都需要过油或者油炸，很多菜都要经过这两道煎炸的，比如地三鲜、干煸豆角、各种肉菜、油炸鸡腿、油炸薯条等，这样的菜太多了。反复煎炸势必带来油脂的反复加热，而且谁也不会在做一个菜之后就把剩下的一锅油倒掉。据查，有些饭店还有专门的滤油回收装置，往往一锅油不知用了多少回，更不谈那些发黑实在不能用，被收集回收后经过加工又回到餐桌上的“黑心油”了。

我们在自己家里也会有反复用油的情况：煎炸用油太多舍不得扔掉，把剩下的油倒回容器中，下次接着炒菜或油炸。还有的人甚至把好几次煎炒烹炸的油，混合在一起，留着下次再用。这样的油，与地沟油相比只是“小巫见大巫”。而且因为家里的油不会经过精炼和过滤，油中还含有很多食物残渣，长期食用也会引起人体健康隐患。

火锅“老油”尤其有害

有媒体曾曝光过重庆某火锅店使用潲水油做锅底，这一消息在火锅之都重庆引发了巨大的反响。老油实际上就是一种口水油，和地沟油一样都属于餐厨废弃油脂，就是指把别人吃剩下的火锅油，回收加热，再端给下一波客人吃。由于重庆火锅发端于家庭，成长于街边小店，底料反复使用是当地的传统，食客也已经习惯了老油的味道。这次对火锅里的潲水油进行曝光之后，有一些火锅店的老板和一些不明真相的消费者仍旧认为，吃重庆火锅，就是要吃这种老油的特色。抛除我们心理上的忌讳不说，这种多次加热的火锅老油，究竟会对健康产生怎样的影响呢?

油脂经多次高温加热后发生了变异反应，会产生苯并芘、杂环胺、丙烯酰胺等有害物，对人体健康造成危害。研究发现，经常吃这种多次加热的油，会增加患很多疾病的概率，比如脂肪肝、高血脂、高血压、胆囊炎、胃病、肥胖，甚至可能增加患心脏病和多种癌症的危险。西班牙一项对1226个家庭的研究还发现，油反复加热的次数越多，家庭成员得高血压的概率就越大。

小贴士

在餐厅吃饭会不会遇到这种情况？有些油看起来比较黏稠，吃起来有点腻口，尤其在水煮鱼、水煮牛肉等用油很多的菜品中容易有这种感觉。往往这些菜里的油吃起来黏黏的，黏在菜上，比如豆芽、白菜，还没那么容易滴下去，这往往就是多次加热的油。可以回想一下，如果我们是在家里自己做菜，只使用过一次的油是不是不太会那么黏腻呢？

举个极端的例子，如果将油脂反复加热到几十次，会变成什么样呢？会黏稠不堪，甚至变成胶质状、树脂状，就像抽油烟机里的废油，会粘在抽油烟机上不掉下来，如果是这样的油吃进肚子里，肯定会影响身体健康。

老马食品安全攻略

如何减少油烟危害

我们一般烹炒煎炸菜肴的温度是 160 ~ 300℃，加热的时间越长，温度越高，产生的有害物质就越多，当加热到 300℃以上时，即使是短时间，也会产生大量的致癌物。另外，食用油加热到 270℃时，会发生多种化学变化，油烟是这种变化的最坏产物之一。因为油烟中含有多种有害物质，包括丙烯醛、苯、甲醛、巴豆醛等，这些均是有毒物质，有致癌的可能。

已经有研究表明，油烟会使肺癌风险增大，还与糖尿病、心脏病、肥胖等疾病的发生有关。常在厨房做饭者患肺癌的概率甚至远远高于不常在厨房做饭的吸烟者。以前很多老百姓在家做菜，看油热不热，往往等油冒烟了，就认为温度差不多了，才放菜。爆炒腰花、爆炒猪肝、爆炒黑木耳，认为有些菜似乎非要爆炒才能入味好吃。在饭馆里，大家经常会见到，大厨很喜欢炒菜或者颠勺时锅里着火，一些厨师觉得这样炒的菜才香，而且又能显示厨艺。这些烹饪习惯其实存在很大问题，会导致油的温度过热，产生致癌物，这种油的危害性绝对不比地沟油差。

由于油烟含有很多有害物质，在炒菜时一开火就要打开抽油烟机，并在炒菜结束后 5 分钟再关闭，尽量减少油烟。

炒菜后留下的锅垢如果不及时清洗干净，里面残留的油脂可能会存在多次加热的问题，因而每炒完一道菜后都应该认真清洗炒锅。

家庭厨房小实验

如何辨别炸过鸡、猪排等回收加工后的油？方法很简单，放进冰箱冷藏试试。

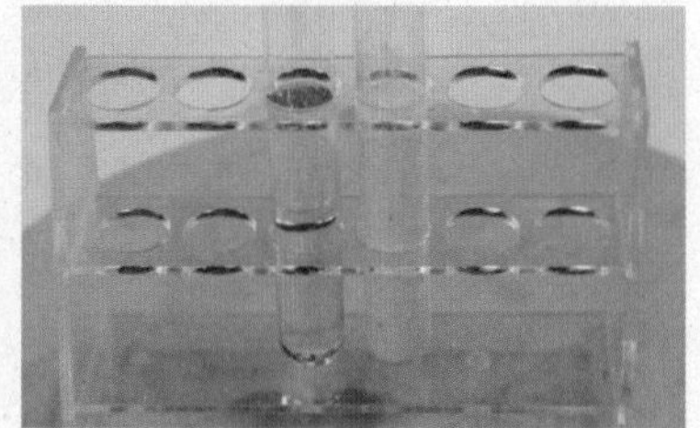

右图：右边的试管是回用油，冷藏后凝固

巧辨回用油

***实验材料**

待检测的疑似炸过鸡、猪排的油，未用过的食用植物油，透明玻璃小瓶 2 只，冰箱、水银温度计一支。

***实验步骤**

分别把待检测可疑油和未用过的食用植物油倒入 2 只透明玻璃小瓶，然后一起放进冰箱冷藏室，过 2 小时后用水银温度计测冷藏室温度，达到 5℃后取出装油的玻璃小瓶。如果是未使用的植物油，在低温下是不会凝固的，还是清澈透明。如果是煎炸过鸡、猪排等肉类的油，在冷藏到 5℃左右会变浑浊或出现或多或少的凝固物。如果家里的油出现了这种情况，就不能再食用了。

***实验结果**

这一方法利用了植物油和动物油凝固点不同的特性，动物油脂含有饱和脂肪酸，在低温环境下会凝固，呈白色，而一般食用植物油不会（椰子油和棕榈油除外）。

家庭厨房小实验

怎样简单判断油温

可根据油的发烟点：过去那种颜色暗淡的粗制油，在130℃以上就会冒烟，大家会等油冒烟后下锅炒菜。猪油和初榨橄榄油烟点为190℃；像大豆油、花生油、玉米油等大多数一级植物油烟点都是215℃，二级植物油烟点为205℃，日常炒菜的最佳适合油温是180℃左右，所以等到油冒烟之后才下菜，油温就已经过热了。爆炒时油温一般都高达300℃以上，那些锅里着火的操作，不用说，更高达350℃！瞬时就会产生很多有害物质，这些都是典型的油温过高问题。

判断油温可把筷子沾上水，然后扎进油锅，如果油起泡且有爆出来的感觉，那就是180℃左右了。也可在锅中放油同时放入一小条葱丝，当葱丝周围的油欢快地冒泡时，表明油温已足够高，不等油冒烟就可放入食材。炒菜时遵循热锅冷油的原则，即先将锅加热，再倒入食用油就可以直接下食材翻炒。这样可以使油温控制在200℃以下，防止高温破坏油中的营养成分，也可以有效减少油烟。推荐炒菜锅应选用底厚一点的，厚底锅可延迟油温上升的时间，减少油烟。

第12章

“油”其关键——健康篇

通过上篇的分析，我们明白了什么油不能吃，可是如今市面上的食用油种类繁多，光植物油就有花生油、橄榄油、油茶籽油、葵花籽油、大豆油、芝麻油、亚麻籽油、葡萄籽油、玉米油、核桃油等，让人眼花缭乱。加上各商家广告宣传，百姓更不知道应该选择哪种油。到底应该如何选择健康的、适合自己的食用油呢？

先来评价一下几种常见的食用油吧。

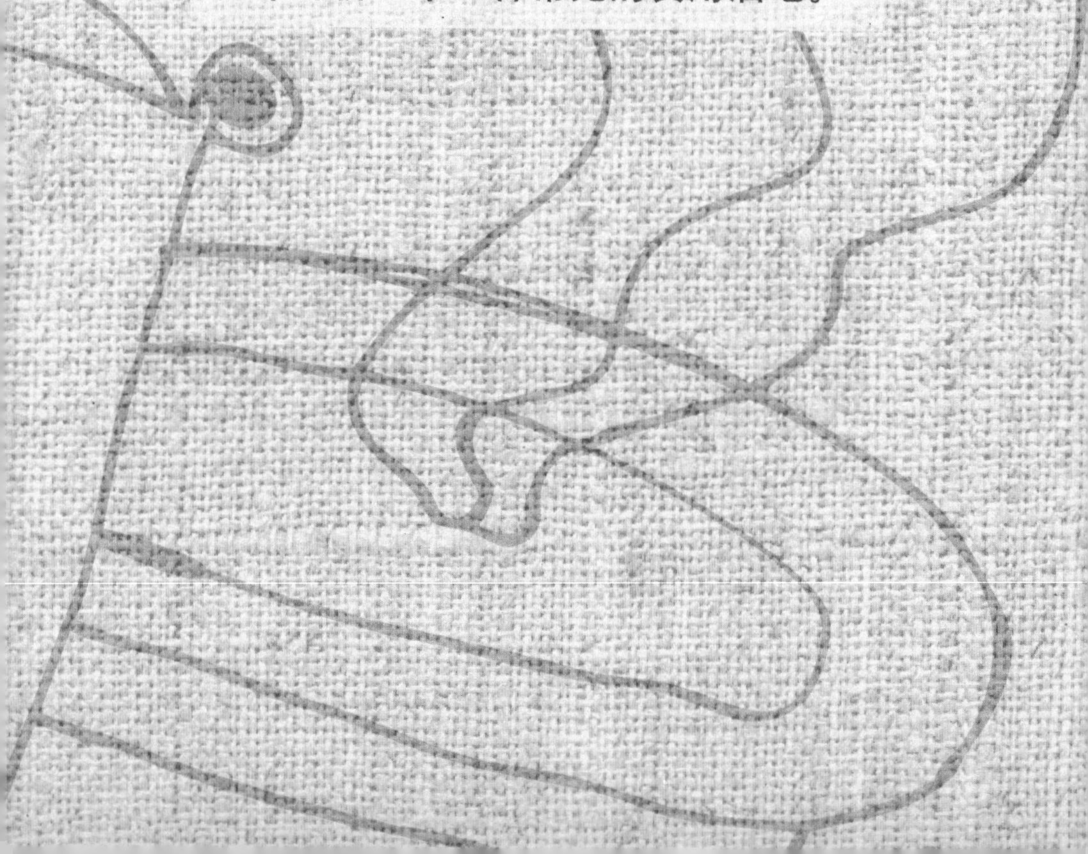

大豆油——尤其护脑护血管

特点：富含卵磷脂、不饱和脂肪酸和大量的亚油酸。卵磷脂可增强脑细胞活性，减缓记忆力衰退。而不饱和脂肪酸可以降低胆固醇，保持血液循环畅通。亚油酸是人体必需的脂肪酸，对心脑血管有保护作用。

缺点：久藏有豆腥味，ω-3 含量较少。

注意点：要用低温烹调，不要冒烟煎炸。

玉米油——尤其抗氧化防衰老

特点：玉米油是一种高品质的食用植物油，它含有 80% 左右的不饱和脂肪酸，其中 56% 左右是亚油酸，对降低血清胆固醇、延缓衰老有一定作用；尤其是含有丰富的维生素 E，所以天然抗氧化，性质较稳定。

缺点：ω-3 含量少。

注意点：烹炒加热时间要短，适合做冷拌色拉油。

橄榄油——凉拌尤其健康

特点：橄榄油在 0℃低温也不会凝固，富含不饱和脂肪酸，有利于减少血液中低密度脂蛋白胆固醇（俗称坏胆固醇）含量，同时还有不少矿物质和维生素，具有较高的营养价值。其中的天然抗氧化成分（角鲨烯），还有利于防止许多慢性疾病，被西方人称为“植物油皇后”。

缺点：ω-3 含量少。

注意点：应低于 190℃热炒。低压头道初榨橄榄油是理想的凉拌用油和烹饪用油。橄榄油高温炒菜不至于产生明显有害成分，但其中的抗氧化成分会被破坏，失去冷榨橄榄油营养优势。

茶籽油——高温炒菜尤其合适

烹调方法：烹炒、煎炸

特点：茶籽油也称山茶油、油茶籽油，它的不饱和脂肪酸含量高达80%以上，堪称食用油中之最，此外还富含维生素和其他微量元素。食用茶籽油不但不会令人体胆固醇增高，还有减缓血管硬化等保健作用。

烟点代表了植物油的热稳定度，在烟点温度以上油脂会产生明显的低沸物挥发，说明油脂在产生热裂解与热聚合的变化，这些低沸物对人体有害，因为达烟点温度以上就会产生有害物质。茶籽油的显著优点是烟点高，精炼茶籽油的烟点高达210℃以上，而冷榨未精炼的橄榄油烟点为190～200℃。

缺点：价格高、亚麻酸的含量较少。

注意点：茶籽油在高温煎炸时也不易产生油烟，是特别适合中国人的高温炒菜用油，减少了由于油烟造成疾病的可能性。

核桃油——益智健脑尤其有利

特点：核桃油有一股很浓的核桃香味，特别含有丰富的磷脂成分，是大脑必不可少的重要营养素，可促进孩子的智力发育，有较好的健脑效果及对神经系统的保健功能。核桃油中维生素E、角鲨烯及多酚等抗氧化物质，对提高人体的抗氧化能力有好处。核桃油含不饱和脂肪酸高达九成左右，主要以单不饱和脂肪酸为主，有 50% 以上是 ω-6 亚油酸，8% 左右的 ω-3 亚麻酸和 17% 左右的 ω-9 亚油酸，脂肪酸比例较好。

缺点：核桃油价格较高，含亚油酸偏多，要限制些，不要多吃，且不耐高温，在高温下它的香味会变淡，因此不大适于高温烹饪。

注意点：核桃油包装打开口后很快会变质，因此不能大量保存核桃油，而且要将它放置在凉爽黑暗的橱柜中。适用于低温烹饪或直接加入色拉菜中冷拌。

花生油——煎炒烹炸尤其可补锌

特点：花生油有股较浓的花生香味，滋味可口，是用于煎炒烹炸都不错的食用油。花生油的脂肪酸构成比较好，80% 以上都是不饱和脂肪酸，包括人体所必需的亚油酸、亚麻酸、花生油四烯酸等多种不饱和脂肪酸。经常食用花生油，有助于保护血管壁，防止血栓形成，预防动脉硬化和冠心病。花生油中的胆碱还可改善记忆力，延缓脑功能衰退。因富含维生素 E，花生油具有良好的氧化稳定性，耐热性也不错。而花生油中的微量元素锌的含量也是食用油类中最高的，其含锌量是色拉油、菜籽油或者豆油的数倍，所以食用花生油特别适宜于补锌。

缺点：花生油在室温 12℃ 以下低温时会凝固成不透明状，这也是纯正的花生油的特征之一。花生油含亚油酸偏多，不要多吃。

注意点：200℃ 以下煎炒烹炸都可以，适宜用来做家常的炒菜油，也是良好的煎炸油，可直接用于制造起酥油。特别要防范黄曲霉毒素污染的劣质花生油。

小贴士

选油怎样选脂肪酸

平时生活中接触到的食用油五花八门，什么花生油、大豆油、橄榄油、茶籽油等，其实各种食用油中最大的差异就在于脂肪酸，对健康作用的差异也在于脂肪酸，因此选油主要在选脂肪酸。脂肪酸可分为饱和、多不饱和及单不饱和脂肪酸，其中不饱和脂肪酸又可分为 ω-3 和 ω-6 系列不饱和脂肪酸。脂肪因所含脂肪酸的链的长短、饱和程度和空间结构不同，因而具有不同的特性和功能，对健康营养的影响也不一样。

我们先来看看饱和、多不饱和及单不饱和脂肪酸三个兄弟，这三兄弟个性并不一样。

（1）饱和脂肪酸

猪油、牛油等动物的脂肪中，大多为饱和脂肪酸。此外，饱和脂肪酸还存在于少数植物油中，如椰子油、可可油、棕榈油等。

饱和脂肪酸优点：稳定不易氧化，可以耐高温。

饱和脂肪酸缺点：摄入量过多可能导致“三高”，增加患冠心病的风险。

（2）多不饱和脂肪酸

含多不饱和脂肪酸较多的是大豆油、葵花籽油、玉米油、红花油、芝麻油等。

多不饱和脂肪酸优点：其中亚麻酸是构成人体脑细胞和组织

细胞的重要成分，俗称“脑黄金”；其中亚油酸具有降血脂、软化血管、降血压等作用，可预防或减少心血管病的发病率，能起到防止人体血清胆固醇在血管壁的沉积，有“血管清道夫”的美誉。

多不饱和脂肪酸缺点：不稳定易氧化，不耐热。

（3）单不饱和脂肪酸

单不饱和脂肪酸含量较高的是橄榄油、亚麻籽油、芥花油、核桃油和茶籽油等。

单不饱和脂肪酸优点：具有调节血脂、降低胆固醇、预防心血管疾病的效果。

单不饱和脂肪酸缺点：耐热性中等，氧化性也居中。缺少一些人体必需的脂肪酸。

那么这三种不同的脂肪酸我们应该怎样摄入呢？第一代调和油的经典广告词是“1∶1∶1”，家喻户晓。但实际上在膳食当中饱和脂肪酸要低于1/3，单不饱和脂肪酸超过1/3，多不饱和脂肪酸大约1/3。这是膳食结构中三种不同脂肪酸的推荐比例，并不是说食用油里的比例。现在人们膳食中饱和脂肪酸已经够多了，因此在食用油中饱和脂肪酸要减少，建议一般消费者食用油中的饱和、单不饱和与多不饱和脂肪酸的比例最好接近1∶4∶4～1∶7∶2范围内，且多不饱和脂肪酸中ω-6亚油酸与ω-3亚麻酸的平均成分比例为（4～6）∶1。

老马食品安全攻略

家庭怎样选好油

首先，选油不要太专一。

我们平时吃哪种油好呢？从上文介绍知道每种油都有优缺点，没有一种油的脂肪酸构成能完全满足人体的均衡营养需要的。所以不要太“钟情”于一种油。

那我们是不是买调和油就可以了呢？如果厂家能做到货真价实的优质调和油当然好，问题是目前由于食用植物调和油一直没有国家标准，特别是没有对调和油配料比例的要求，调和油市场还存在以次充好、随意勾兑、冠名标识混乱等问题，一些调和油都以生产企业的“秘密和专利”掩盖其真实盈利的目的，不良企业往往以低价的棉籽油、大豆油等食用油冒充高价的橄榄油、花生油、葵花籽油作为调和油的主要原料进行配制并出售。因此，自己合理调配油，更健康，更放心。

家庭调配油的注意点

可选择单不饱和脂肪酸含量在 50% 以上的油类，如茶籽油、橄榄油。一般人摄入的 ω-6 亚油酸太多（很多植物油、鸡肉和加工食品中含有这种脂肪酸），所以要少吃些 ω-6 含量超过 15% 的油类，如葵花籽油、花生油、芝麻油、玉米油。

如是大家庭，油消耗量多的可自制调和油，品种不要太多，一次调和量也不要多，最好在一两个月吃完。如是三口之家就买各种选定的各种油换着吃，尽量买新鲜小瓶的，轮换速度快，吃的品种多。

你会发现上文食用植物油评价中大部分油的 ω- 3 亚麻酸含量都较少，而亚麻籽油是植物油中 ω- 3 脂肪酸最多的一种，如讲究营养比例的话，可选亚麻籽油 1 份，茶籽油 1 份（或橄榄油 1 份）为基础，还有 1 份用大豆油、花生油、玉米油、菜籽油等多种油轮换。这样厨房常备三种油，或在炒菜时各取三分之一，根据不同烹调要求用不同油，总之做到多样平衡为原则。亚麻籽油的风味有人不喜欢，既要健康也要美味的人，不吃亚麻籽油的可补充吃些深海鱼油和海产品类。

注意油中是否含有脂溶性的维生素（如维生素 A、维生素 D、维生素 E、维生素 K）和其他天然抗氧化剂所提供的营养。尤其维生素 E 是抗氧化剂，可以减少“坏胆固醇”的形成，降低发生动脉粥样硬化的可能性。

食用油的包装也很有讲究，我们看到优质的食用油往往用绿色的玻璃瓶装，就是为了保证油的质量，令油不容易因紫外线等因素加快油脂氧化，还可以预防用塑料桶装油脂可能出现的化学物质迁移的隐患。如果油桶中含有塑化剂，时间越长，温度越高，迁移到油里的就越多。

小贴士

选油怎样看标签

（1）看标志齐全

正规出厂的油，包装上生产日期、保质期、合格证、QS（企业食品生产许可）认证标志、等级（一~四级）、生产名称、加工工艺标识（压榨法或浸出法等）等都应该是齐全的。

（2）看等级

食用油共分为四个等级，三级油和四级油是指经过简单脱胶、脱酸的食用油。一级、二级油必须经过脱胶、脱酸、脱色、脱臭等过程。等级越高，颜色越浅。一级油必须做到无色、无味、无臭。油的等级越高，油中杂质和有害物质脱得就越彻底，但会降低营养元素含量，油中一些好的东西也会脱掉。比如大豆油里面胡萝卜素在脱色过程中去掉了，精炼橄榄油营养远不如初榨橄榄油，而精炼芝麻油的香气和生育酚等活性物质也不如低温焙炒压榨的芝麻油。不过，三级油、四级油中含的杂质也较多，烟点较高。

消费者可根据自己的需要做出选择，因油而异，如要煎炸的油选一级的，如要凉拌冷浇的，橄榄油选特级初榨的，芝麻油也别选精炼的。

（3）看压榨还是浸出

目前食用油制作主要分压榨和浸出两种工艺。一般认为标“压榨”的比“浸出”的好。如果是纯压榨的油能够保持原有营养，品质比较纯，当然比较好。可惜这种油市场上很少，仅有特级初榨橄榄油等少数几款，事实上现在有些标示压榨的油也会与浸出油混兑的，“浸出”油只要真正达到国家规定的标准，也不会有危害。

常见食用油脂肪酸组成表（%）

油脂名称	多不饱和脂肪酸		单不饱和脂肪酸	饱和脂肪酸
	亚麻酸（ω-3）	亚油酸（ω-6）	油酸（ω-9）	
亚麻籽油	39 ~ 62	12 ~ 30	13 ~ 39	6 ~ 15
橄榄油	0 ~ 1	3.5 ~ 21	55 ~ 83	8 ~ 25
核桃油	6.5 ~ 18	50 ~ 69	11.5 ~ 25	8 ~ 22
油茶籽油	0 ~ 3	7 ~ 14	74 ~ 87	7 ~ 11
葵花籽油	0 ~ 0.3	48.3 ~ 74	14 ~ 39.4	8 ~ 14
菜籽油	5 ~ 13	11 ~ 23	8 ~ 60	2 ~ 13
花生油	0 ~ 0.3	13 ~ 43	35 ~ 67	9 ~ 21
玉米油	0 ~ 2	34 ~ 65.6	20 ~ 42.2	10 ~ 14
大豆油	5 ~ 11	49.8 ~ 59	17.7 ~ 28	10 ~ 20

* 食用油脂肪酸含量根据产地、品种、气候、时间和加工等条件变化而不同，上表为一般食用油的参考数据。

第13章
“酱”就不得

酱油是中国人烹饪菜肴的灵魂调料，哪家厨房没酱油？要做中式菜肴，尤其是做红烧肉、红烧鱼等浓油赤酱的经典家常菜，酱油是万万少不得的调味佳品。现在市场上的酱油品种有几十种之多，名称五花八门，什么宴会酱油、原晒酱油、草菇老抽、红烧酱油、补铁酱油……

买酱油时不能打开瓶盖直接品尝，但还是要挑选安全质量好的酱油。

选好酱油四大绝招

在以往的酱油质量安全监督检查时，发现过有质量安全不合格的产品，有不法厂商在酱油中乱加滥加添加剂，有的用鲜味剂、色素、防腐剂配制出劣质酱油冒充酿造酱油。有的消费者存在各种“打酱油”误区，如认为酱油颜色越深的质量越好、酱油价格越高的质量越好、烹调炒菜和佐餐蘸料用一种酱油……

所以打酱油马虎不得、将就不得。那么怎么挑选质量安全满意的酱油呢？老马给大家带来四大绝招。

1. 看一看

(1) 看“氨基酸态氮”

酱油的鲜味取决于氨基酸态氮含量的高低，一般地说氨基酸态氮含量越高，酱油的等级就越高，味道越鲜美。我国现行的国家标准将酱油分为特级、一级、二级和三级四个等级；氨基酸态氮含量≥ 0.8 克 /100 毫升为特级，≥ 0.7 克 /100 毫升为一级，≥ 0.55 克 /100 毫升为二级，≥ 0.4 克 /100 毫升为三级。

(2) 二看“酿造酱油”还是“配制酱油”

有的酱油很鲜，氨基酸态氮含量比特级酱油还高，配制酱油的氨基酸态氮含量也可能很高，所以还要看酱油标签上写明是“酿造酱油”还是“配

制酱油”，看配料表中是否有“肌苷酸、鸟苷酸”，因为加入这些鲜味剂也会增加氨基酸态氮的含量。质量好的酿造酱油是不需要加任何鲜味剂的，发酵后自然产生的氨基酸态氮含量已足够高。

(3) 看“高盐稀态发酵酱油”还是“低盐固态发酵酱油”

用低盐固态发酵法酿造酱油投资少，生产周期短，但存在风味单薄的缺点；高盐稀态发酵法酿造的酱油更具醇香味和酱香味。

(4) 看“烹调酱油”还是“餐桌酱油”

正规厂家生产的酱油在标签上都会标明该酱油适合佐餐用还是适合烹调用，“烹调酱油”和“餐桌酱油”的卫生要求是不同的，两者所含的微生物标准也不同。烹调酱油一般不能用来生吃，只在烹调时加入，所以在合格的烹调酱油里仍然带有少量细菌，需要加热才能食用。而餐桌酱油的微生物指标要求更为严格，所以它既可以用于烹调加工，也可直接食用，蘸食、凉拌都不会危害健康。

(5) 看“生抽”和“老抽”

酱油国家标准中没有“生抽”和“老抽”的分类，但许多酱油标签上有这些标注，这其实是沿用了广东地区的习惯性称呼。生抽和老抽一般都是酿造酱油，它们的差别在于：生抽是以黄豆和面粉为原料，经发酵成熟后提取而成；而老抽是在生抽中加入焦糖色，经特别工艺制成的浓色酱油，适合用于红烧类菜肴以增色。生抽呈红褐色，味较鲜咸；老抽呈棕褐色，味较鲜甜。

2. 摇一摇

正置拿起酱油瓶，双手握瓶前后摇晃。优质酱油中发酵成分较多,有蛋白质和氨基酸,所以摇晃后会产生很多泡沫,而且不易散去；摇晃后静置一段时间酱油仍澄清，无沉淀，无浮沫，比较黏稠。

劣质酱油大多数缺少发酵成分，所以摇晃后只有少量泡沫，容易散去；摇晃后静置一段时间发现酱油会浑浊、发生沉淀，如果起泡沫和浮沫经久不散的话，很可能是加了添加剂造成的。

3. 倒一倒

把酱油瓶倒置，观察酱油沿瓶壁流下的速度快慢。优质酱油因为有丰富的有机营养成分，所以黏稠度较高，酱油在瓶壁上流动稍慢；劣质酱油天然酿造的有机成分很少，所以液体稀薄，黏稠度低，倒置后很快沿瓶壁流下。

4. 试一试

我们可以用快速简单的小测试初步判断一下酱油质量好坏。

家庭厨房小实验

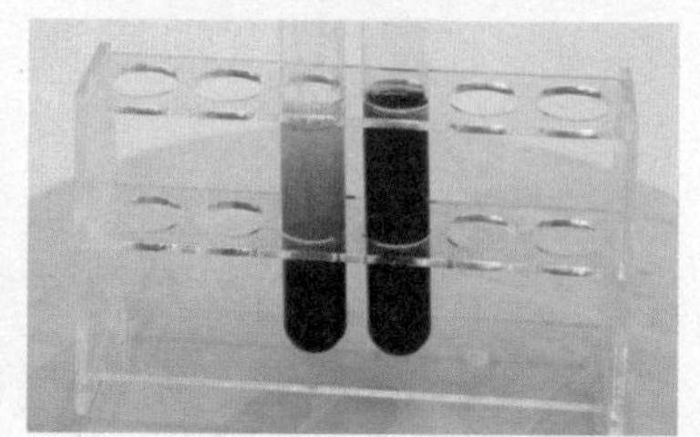

右图：左边的试管未产生沉淀，可能是勾兑酱油

分辨真假酱油

***实验材料**

待测酱油、纯度 95% 以上的医用酒精一瓶、透明的玻璃小试管 2 支（或透明的干净的小玻璃瓶 2 只）

***实验步骤**

（1）取出待测酱油和医用酒精，按照酱油和酒精 1∶3 的体积比例先后倒入透明的玻璃试管或小玻璃瓶，酱油只要倒满试管的 1/5 体积，然后慢慢倒入试管 3/5 体积的酒精。

（2）摇动一分钟后静置，若有沉淀物产生，表明酱油质量有一定保证，没有沉淀物的则可能是勾兑酱油。

***原理**

酱油中有蛋白质和氨基酸成分会和酒精起反应，发生沉淀，不法商贩如仅用焦糖色素、黄原胶、盐、味精、苯甲酸钠、水来制造假酱油，就没有沉淀物产生。

***提醒**

此种方法仅作为初步判断酱油真假的简单实验，不能作为判定依据，因为制假分子也可以在假酱油中加点蛋白质和氨基酸成分，或其他与酒精发生沉淀反应的物质，那么此方法就不管用了。因此要真正对酱油质量安全评定的话，还得依据国家规定的标准方法检测。

小贴士

（1）酱油颜色是不是越深越好

一般酿造的酱油颜色不会很深，像生抽带点浅棕色，像老抽一类用于红烧菜肴的酱油颜色深是加了焦糖色素的缘故，所以酱油的质量与颜色的深浅无关。

（2）慢性肝病患者不宜食用铁强化酱油

慢性乙型肝炎、丙型肝炎、酒精性肝炎、脂肪肝患者常常伴有铁代谢障碍，表现在过多的铁在体内和肝脏沉积，如果再吃铁强化酱油，会使体内的铁更多，加重肝纤维化程度，还可能影响干扰素等抗病毒药物的疗效。后果严重者会全身皮肤呈古铜色，甚至合并血色病、导致癌变。

下篇
严判外食六色菜

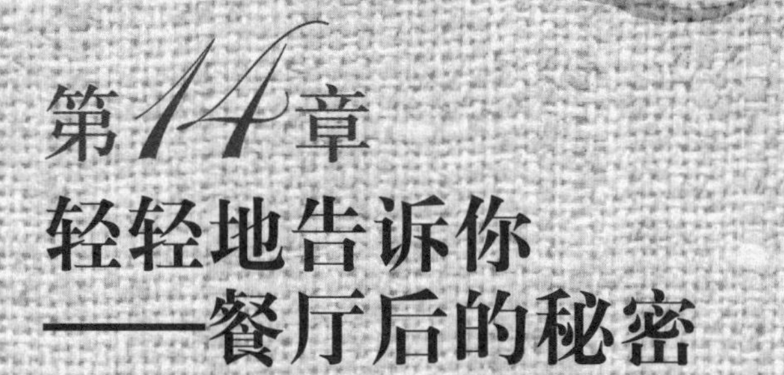

第14章 轻轻地告诉你——餐厅后的秘密

现在大家生活水平越来越高，工作节奏越来越快，外出就餐的频率也越来越高了，别说逢年过节、婚庆喜事的好日子，就连平时的休息天，好多餐饮饭店的生意都是红红火火的。年轻人外出就餐喜欢先上网查一下，哪家点评率高的，还有团购打折优惠多的；情侣们会关注餐厅环境的优雅和浪漫情调；老饕们外出就餐一定要挑特色的餐馆；还有更多人是看中价廉、物美、味佳的菜肴。

那么究竟怎样选餐馆？

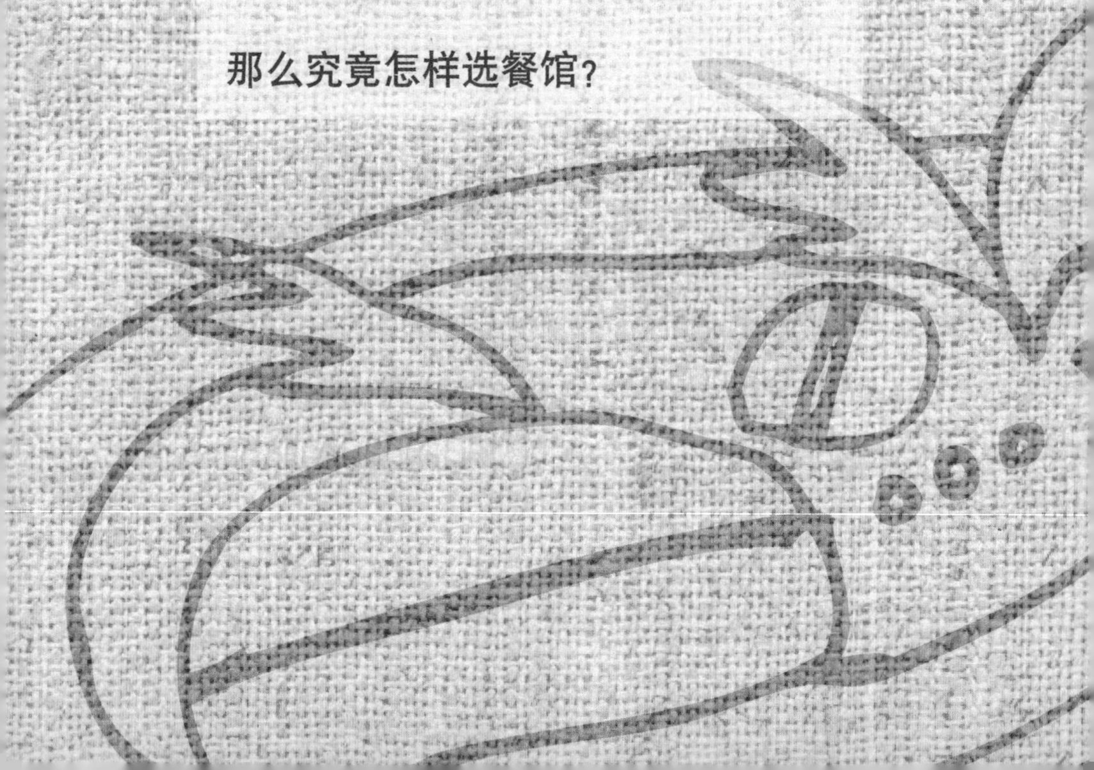

在外就餐安全第一

我国近20年来餐饮业零售额每年增幅百分比都保持在两位数以上。广州、上海、成都等地更可称为“会吃的城市”。目前上海市持有《餐饮服务许可证》的餐饮服务单位就有6万多户。要在这么多的餐饮店中选出好的确实不易，看餐馆菜肴的价格、口味等固然重要，但最重要的还是安全，一旦吃出毛病，再美味便宜的菜肴都是浮云了。

慎选餐馆

其实要真正了解一个餐饮店的优劣，尤其是食品安全的真实状况，最好是去厨房看看。当然一般消费者还不能轻易进去，一张“厨房重地 闲人免进”的牌子，哪能想看就看啊，但是有人可以代消费者来检查厨房，还会出告示告诉你这家餐馆的食品安全情况如何，这就是“餐饮服务食品安全监督公示标志”。可惜有不少吃客还不知道看这个公示标志，有的还以为是餐饮服务等级标志。

现在上海市首创的餐饮服务单位监督检查结果的公示方式让消费者能够一目了然。根据食品安全评定结果的良好、一般或较差，分别给予“绿色笑脸”“黄色平脸”和“红色哭脸”的公示标志。2013年，上海有32.2%的餐饮服务单位获得了“绿色笑脸”，61.4%的获得了“黄色平脸”，还有6.4%被评为“红色哭脸”。因此上餐馆可以先看这些标志，“红色哭脸”的不要去，“黄色平脸”还可以考虑，“绿色笑脸”的基本放心。

1. 怎样点菜

2013 年上海检察机关集中公诉 10 起危害食品安全案件，涉及餐饮服务业的有在小龙虾汤底添加有毒配料、用废油制作烤鱼等。其中用添加罂粟壳粉成分的汤料烧制龙虾的案件尤为突出，占总案件量的 40%。非法添加就是这些少数餐厅背后的秘密，一般消费者还不易察觉。因此我们要擦亮眼睛学会点菜。

2. 少点冷菜

有时和餐饮业内人士一起就餐，发现一个有趣的现象：熟悉餐饮内幕的行家去饭店吃饭点菜常常少点冷菜。为什么呢？

因为业界人士知道，冷菜制作安全风险高，属于高风险操作食品，一旦处理不好就容易发生食物中毒事件，按照《餐饮服务食品安全操作规范》要求，高风险操作食品必须有“三专”：专间、专人加工制作和专用的设备、工具、容器。此外还有温度要求：制作好的冷菜尽量当餐用完，剩余尚需用的放专用冰箱中冷藏或冷冻。烹饪后至食用前需要较长时间（超过 2 小时）存放的食品应当在高于 60℃或低于 10℃的条件下存放。

在南方的黄梅季节和一般地区的高温季节，细菌繁殖很容易污染到食品，如熟制高风险食品存放在 10℃至 60℃之间的温度条件下超过 2 小时，或食品未烧熟煮透，食品加工时中心温度未达到 70℃，就很容易发生细菌中毒。

根据餐饮环节食品检查结果，不合格率较高的主要原因是加工的凉拌菜、沙拉、烧烤、熟肉制品等食品中检出了金黄葡萄球菌等致病菌。吃了这些不合格的冷菜极易引起细菌性食物中毒。

警惕生食水产品

餐饮店做生食水产品，加工操作时应避免生食水产品的可食部分受到污染，加工后的产品应放密闭容器内冷藏保存，或放在食用冰中用保鲜膜分隔保存。放置在食用冰中保存时，加工后至食用的间隔时间不超过 1 小时。

尤其在夏秋季，海产品受副溶血性弧菌污染概率很高，我国华东地区沿岸的海产鱼虾平均带菌率 45.6% ~ 48.7%，夏季可高达 90% 以上，该菌存活能力强，在抹布和砧板上能生存 1 个月以上，尤其是生食海产品，很易发生副溶血性弧菌中毒，常造成集体发病，临床上以急性起病、腹痛、呕吐、腹泻及水样便为主要症状，重症患者因脱水而使皮肤干燥及血压下降造成休克。少数患者会出现意识不清、痉挛、面色苍白或发绀等现象，若抢救不及时，呈虚脱状态，可导致死亡。

因此，每年 5 月 1 日至 10 月 31 日期间，按规定禁止生产经营醉虾、醉蟹、醉蟛蜞、咸蟹，但发现还有少数餐饮小店会违规供应，这时千万不能贪口福吃坏身子。还有要特别注意的是，凡是毛蚶、泥蚶、魁蚶等蚶类和炝虾，还有一矾海蜇、二矾海蜇等，无论什么时候都不能食用。一些生蚝（牡蛎）等海产贝类还可能带有诺瓦克病毒或贝类毒素，食用风险都很高。另外，马路食品摊贩经营的生食水产品、生鱼片、凉拌菜、色拉等生食类食品，不经加热处理的改刀熟食，以及现榨饮料、现制乳制品和裱花蛋糕都不要去买，因为这些食品安全无保障，属于违规经营的食品。

小心现榨饮料

现在许多人讲究营养健康，喜欢点芒果汁、西瓜汁、南瓜汁一类的现榨饮料，以为这类饮料是纯天然的没问题，其实也陷入误区。

关于现榨饮料的食品安全问题，将在“第 16 章 糊涂的爱——现制饮料”中详加讲述。总之，在餐饮店点现榨饮料时应加以小心，注意餐饮店的卫生情况，如无专间专人制作的，那就千万别点。

热菜点评

1. 小龙虾为什么这么红

尽管发生过“洗虾粉”问题和南京市等地有少数人食用小龙虾后出现一过性横纹肌溶解综合征事件，小龙虾还是大受其粉丝吃客的欢迎，各地都有红红火火的小龙虾一条街。有人怀疑小龙虾为什么这么红？是不是加过红的色素？

烧熟小龙虾的红色实际上来自于虾青素，虾青素含量跟其抵御外界恶劣环境的能力正相关，也就说机体虾青素含量越高，其抵御外界恶劣环境的能力就越强。小龙虾生长速度快、适应能力强，能在各种生态环境中形成绝对的竞争优势，很大原因是虾青素含量高。当虾活着的时候，虾青素被其他的蛋白链覆盖，是看不到的，所以我们看到的是褐色，烧熟虾体内的蛋白质发生变化，虾青素得以释放，以游离态存在，从而使虾壳一直呈红色，虾青素含量越高就越红，完全不要外加色素的。那么小龙虾可能有什么问题呢？

（1）小龙虾体内含有大量细菌和寄生虫，烹饪加热必须充分，否则有安全隐患。由于头部和虾线中细菌和寄生虫多，所以食用时一定要去掉。如果发现龙虾的尾巴是直的，那么这些龙虾就是死虾，千万不要吃。用洗虾粉洗过的小龙虾，往往虾钳很容易脱落，如果虾钳普遍比较少的话，不要吃。

（2）因为小龙虾本身的香气和鲜味都不足，店家往往用十三香等香料重味来盖住它的腥气，用鲜味剂提高它的鲜度，因此小龙虾的添加剂较多，不宜多吃，特别要警惕的是有些不法店家，为了招揽生意，在小龙虾的调料里加罂粟壳，主要是为了增加香味和令人吃上瘾，让客人越吃越想吃。因为不法商家都是将罂粟壳打磨成粉熬汤使用，食客很难看出，但加过罂粟壳的小龙虾总有与众不同的鲜香味造成独特瘾头。

2. 麻辣烫

有人喜欢麻辣烫的独特风味，但往往忽视其中的健康隐患。麻辣烫较多数是小店和小摊经营，有的还没有经营许可证，吃出问题更别提法律保障了。

首先是少数麻辣烫小摊上卖的生鲜原料有问题，放在锅边的生鱿鱼、生毛肚、虾仁、贡丸……看上去白白净净、新鲜饱满的样子，似乎很让人放心。但是曾查处过有些不法分子用工业用烧碱先泡发毛肚、鱿鱼等，再用双氧水漂白，还用甲醛溶液来保鲜，使毛肚、鱿鱼吃上去新鲜脆嫩。这些处理原料的东西国家明文规定绝不可用于食品，对人体健康危害很大。

其次是油和调料问题，麻辣烫的口味以辛辣油腻为主，且不谈刺激可能导致肠胃出现问题，光是其油的来源就要警惕，曾查出有些违规经营者重复使用废弃的油脂，其调料中发现有罂粟壳等非法添加物。

3. 毛血旺

毛血旺原是一道巴蜀地方的特色菜，想不到后来席卷了大江南北。所谓“血旺”一词指的是血豆腐，过去传统是以鸭血为制作主料，但是生意好了，哪有这么多鸭血，现在一般多用猪血，这一来问题也出来了，首先是猪血的来源和安全问题，可以说目前有些猪血的采集没有严格的检疫检验措施，也没有规范的安全控制手段，往往在猪的屠宰放血时会带入粪便、唾液、尿液等脏污，更严重的是有疫病猪的血也难以防止混入。因此上海市最近要出台猪血的加工规范地方标准，就是专门针对解决猪血的食品安全问题。

还有是猪血的加工问题，猪血营养丰富，确实是很好的蛋白质资源，但是也容易变质，常温下难以保质，于是也出现了非法添加问题。据报道重庆等地警方就抓获过不法分子用工业盐、自来水等对猪血进行半凝固后，再把半凝固的血旺放入水泥池子加甲醛保鲜，检测结果血旺的甲醛含量严重超标。

家庭厨房小实验

有人奇怪，为什么饭店的黄瓜汁榨出来是碧绿的，而家里自己怎么做不到呢？其实很容易。

右图：左边为未加食用碱的黄瓜汁，右边为加入食用碱的黄瓜汁

扮萌的黄瓜汁

***准备材料**

黄瓜、凉开水、榨汁机、食用碱粉（碳酸钠）、2 克控盐勺。

***实验步骤**

把黄瓜洗净后切块，放入榨汁机达 1/3 的容积，再放 8 克左右（2 克控盐勺 4 勺）食用碱粉，加入凉开水到榨汁机的容积刻度，按正常榨汁操作，倒出后看看是否比不加碱粉的要绿得多。

***原理**

黄瓜外皮的叶绿素很不稳定，榨汁时因氧化、发热或水的酸性很快褪绿。叶绿素在碱性条件下水解成叶绿酸（绿色）及其他物质。叶绿酸在碱性下继续与钠生成较稳定的叶绿酸钠盐（绿色），所以叶绿素在碱性条件下能保持绿色且较稳定。

***提醒**

食用碱粉是食品添加剂，但也不能多加乱加，而加了碱粉的黄瓜汁也不会很绿，因此特别绿的黄瓜汁就可能加了绿的色素。

中央厨房的隐患

随着中式餐饮连锁业态兴起，各种连锁的火锅店、茶餐厅和中餐饭店的半成品菜肴点心等，大都采用中心加工厂或中央厨房完成，有的已相当于工业化生产，为了延长保质期和提高品质，也开始加食品添加剂了，有些半成品做出的菜肴可能含有添加剂。

1. 水晶虾仁

餐饮店的水晶虾仁虾肉透明，又大又有弹性，咬一下还带点脆性，家里怎么做不出来呢？其实大部分的奥秘就在前处理中。水晶虾仁要做好，功夫在炒菜前。传统餐饮的做法要诀是虾先要洗净，水要吸干，最后加蛋清、淀粉、水等浆料，让虾重新吸饱水涨发，再用低温滑炒，制成一份水晶虾仁。

但现在有些连锁餐饮业的中央厨房可以把成百上千份的水晶虾仁前处理加工做好，它的要求不一样了。首先要求有保质期，从中央厨房到门店再到顾客点菜，短则一周，长则月余，为了使涨发的虾仁更大、持水性更好、保质期更长，于是持水剂、复合磷酸盐等添加剂都用上了。到了餐饮门店的厨房，只需把处理好的虾仁放入油锅，不需多时，一盆晶莹透亮的水晶虾仁就呈现在你的眼前。

2. 蚝油牛肉、杭椒牛柳、牛排

大家都知道牛肉纤维较粗硬，不加以巧妙的处理，炒出的牛肉片、牛柳往往嚼不动，牛排也是如此。有人奇怪了：为什么有些饭店的牛肉、牛排如此嫩滑？秘密也在于牛肉和牛排在加工前处理时，有的加嫩肉粉，有的加苏打粉，为了保持牛肉的水分加磷酸盐，为了牛肉呈鲜红色加亚硝酸钠。至于其他色素和香料、鲜味剂则是各显神通了，一盆鲜嫩油亮的牛肉菜肴端上你的餐桌，上面绝不会标注里面添加了什么的。

3. 鱼丸、虾丸和肉丸

现在火锅店里鱼丸、虾丸和各种肉丸是看家菜，许多吃客热衷于此。当然，要是用真材实料，丸类食品确实不错，问题是发现有些火锅店的丸子用料有猫腻。名为鱼丸的实际配料为水、淀粉、鱼浆、猪肉、鸡肉、香葱、明胶、山梨糖醇——鱼肉不多，猪肉和鸡肉比例还不少；名为龙虾丸的配料有水、淀粉、鱼糜、香精，独独不见龙虾；鲜虾丸根本不加鲜虾肉，而加大量的淀粉和少量鱼浆，靠红曲红色素、鲜虾香精和鲜味剂调出虾肉的色香味……如果想让贡丸、牛肉丸变得有弹性、有嚼劲就放多种胶体，聚丙烯酸钠、变性淀粉等；要让鱼丸滑爽白嫩，就放乳化剂、增白剂等。

符合国家行业标准的普通肉丸水分可占70%，淀粉占10%，脂肪为18%，按规定含肉量不能低于45%，但实际上含肉量短少的时有发现；冻鱼丸的地方标准水分为≤80%，淀粉可占15%，就是说合格的鱼丸95%的成分也可为水和淀粉。至于不合格的鱼丸，鱼的有效成分就更少了。

4. 高汤

2011年某拉面连锁店被曝出“纯猪骨熬制的汤底”实为浓缩液勾兑而成，引起广泛关注。之后他们在官网上展示了一份鉴定报告，称拉面骨泥浓缩汤料样品中富含胶原蛋白和钙。后经查所谓的汤料浓缩液主要成分是“猪骨汤精”，属于复合调味料。

不管是拉面汤底还是火锅底料，或者是老火靓汤，汤底都是美味的关键，但是真正的高汤需要用牛骨、猪排、鸡胸等原材料，用文火慢慢熬制半天以上，时间越久，汤味儿就越浓。而现在很多火锅店、拉面店随着业态扩张，汤料靠货真价实的肉骨原汁原味地熬煮根本满足不了供应，根本等不及，如果放入复合调味料和添加剂，只需少许，清水也能变成高汤。把"水解蛋白""复合咸味香精""人造牛油"做成的火锅底料和"猪骨高汤精"用开水冲开即成，又香又鲜。

因此火锅不能闻着太香。火锅熬制的香味都是自然散发的，尽量少去那些一进门就香气逼人的火锅店。一端上来的火锅就香气四溢，绝大部分可能就是加了增香剂。还可观察一下红的麻辣锅底，正常情况下熬制的麻辣锅底，应该略有浑浊，如果是透亮的麻辣锅，而且久煮红色不变的，很明显是加了辣椒精或者火锅红色素。

5. 调味料

如果到饭店的厨房去看，除了常见的油盐酱醋外，还有许多大厨的调味法宝，各种各样的调味酱料、调料五花八门，琳琅满目。除了各种海鲜酱、味极鲜外，还可以看到乙基麦芽酚、辣椒油树脂、苋菜红等食品添加剂。在有些菜肴烹饪过程中，厨师甚至会使用几种食品添加剂。

例如有专用在酱卤鸭、烧烤鸭和鸭脖子等食品上的肉味增香膏和烤鸭风味香膏，可去除鸭类食品的腥味，增加香味。要香的有"十三香""老母鸡香料""烤肉精油"，要鲜的有"味极鲜""特鲜味素"，比鸡精、味精更鲜更便宜；要辣的有"辣椒素”“胡椒精油”，专用在辣味菜肴上，比辣椒粉用量少，成本低得多；还有什么“白骨晶”“粒粒香”“白汤料”……

做点心的也是如此，除了各种红红绿绿的色素外，做包子、饺子、馄饨馅料有专用的“肉馅宝”，这种粉末跟肉馅一起搅拌，能掩盖劣质肉的不良气味，去腥、去苦、增加浓郁的肉香，用了之后肉馅会特别嫩滑。

品种繁多的食品添加剂根本不标明成分，有的在包装上标明了参考用量，也有的写着“用量按个人口味而定”。不管这些添加剂的建议用量是否精确，在实际操作中一般都是厨师凭着感觉和品味放的。为了让菜和汤特别鲜美，通常都是加量地放，加多加少全凭厨师拿捏，常有推销商把各种添加剂和调料拿到饭店上门促销，用什么添加剂由饭店老板和总厨定。

目前在餐饮业中使用食品添加剂还没有完善的专门的标准，按照国家相关规定，凡是经过国家有关部门审批、监管的食品添加剂是可以使用的，但每种添加剂在使用范围和用量上有严格规定，更不能用于造假、掩盖产品属性，甚至改变产品性质等。如果食品添加剂长期、超量使用，甚至被滥用的话，可能会影响人体的健康安全，因此消费者最好留心一下：不要点那些特别鲜香、颜色特别艳丽、色香味不自然的菜，点些原色原味的菜肴比较靠谱。

老马食品安全攻略

外食几点忠告

慎选餐馆 明智点菜

“六个一点”—— 菜色浅一点、香味淡一点、口味清一点、素菜多一点、品种杂一点、总量少一点

家庭厨房小实验

有些饭店金牌甜点豌豆泥端上来是“永葆青涩”的，而自己家里炒出的豌豆泥像黄脸婆。这有什么诀窍?

其实就是在炒豌豆泥前加了食品添加剂——食用碱粉(碳酸钠)。注意要在豌豆加热炒制前把食用碱粉用水化开了，倒在豌豆粒里，然后加热去豆皮再加油炒，这样保证可炒出和饭店一样碧绿生青的豌豆泥。

右图：右边是加入食用碱粉的豌豆泥

“永葆青涩”的豌豆泥

*原理

与黄瓜汁实验相同，只不过豌豆外皮和肉都有丰富的叶绿素，不加碱炒豌豆时，细胞组织被破坏，生成了各种有机酸，由于酸的作用，叶绿素发生脱镁反应生成脱镁叶绿素和焦脱镁叶绿素，豌豆的颜色会转变为橄榄绿，甚至黄褐色。但在加碱条件下，叶绿素会生成漂亮的绿色叶绿酸钠盐，所以出现“永葆青涩”的豌豆泥。

*提醒

多吃食用碱粉会中和胃酸，不利消化，所以不建议多加乱加。

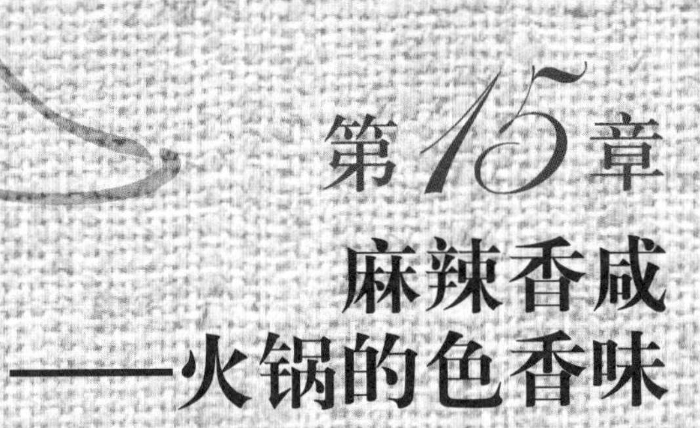

第15章 麻辣香咸——火锅的色香味

春夏秋冬四个季节，生意都很火爆的餐馆是什么？可能很多人的答案都会是火锅店．以往应该属于冬天的热辣火锅似乎已经成了四季皆宜的美食选择，即使是夏天，有空调也不怕热了，家庭聚会，三五知己约会，很多人都会选择去火锅店“涮一把”，寻求热腾麻辣的刺激。火锅式样也逐渐增多，骨头锅，麻辣锅，鸳鸯锅……现在火锅餐饮发展很快，出现了不少品牌火锅餐饮连锁企业，以创新的服务理念取胜；但满街也有不少小的火锅店，以价格取胜。

那么火锅的食品安全会有什么问题呢？

火锅会变成“毒”锅吗

虽然随着大众健康理念的普及，大家都知道了火锅多吃无益，但仍旧难挡美味的诱惑。火锅健康问题固然需要引起大家注意，可是，火锅会有哪些食品安全方面的问题，大家真的了解吗？尽管近年来政府加强了对餐饮业的食品安全监管，大部分火锅店的食品质量安全还是可控的，但少数小火锅店还存在各种食品安全问题，真可谓“一颗老鼠屎坏了一锅汤”。这直接关系到对消费者造成的健康隐患，大家应该有所知晓。

火锅锅底，像看上去那么“香”吗

鸳鸯锅、骨头锅、麻辣锅，这些名词对于火锅爱好者们来说都再熟悉不过了，现在火锅店中更有重辣锅、寿喜锅、牛奶锅、咖喱锅等新式的火锅锅底选择，看上去每一种都色香味俱全，无比诱人，可是在这光鲜的背后，食品安全更需要我们睁大眼睛好好去关注。

“有毒”火锅——罂粟壳汤料令人忧

罂粟壳这东西听起来很遥远，似乎是不会接触到的毒物，可是就存在于我们身边。2004 年 9 月中旬，兰州警方就曾破获一起特大贩卖罂粟壳案。两名犯罪嫌疑人筹资 30 多万元，打着“某国营药材单位”的旗号，从榆中购进 11 吨罂粟壳。他们租用两辆邮政货运车，将罂粟壳运到重庆、成都等地，分销给当地的火锅店。2008 年 12 月，四川乐山市疾控中心针对市区的401户餐饮经营户，就“底料是否添加罂粟壳”开展了一次专项监测。结果显示，12家店铺的汤料罂粟碱不合格，呈阳性。甚至在上海这个国际性大城市里，近年来也查出一些不法餐饮经营户在火锅汤料、小龙虾烧制汤料、腌制烤鸭的汤料中掺入明知有毒有害的非食品原料罂粟壳，并销售给顾客食用。

老马食品安全攻略

警惕火锅罂粟壳

罂粟壳火锅究竟对人体有什么危害呢？罂粟壳内的“有毒物质”长期食用会导致慢性中毒，对人体肝脏、心脏有一定的毒害，会出现发冷、出虚汗、乏力、面黄肌瘦、犯困等症状，严重时可能对神经系统、消化系统造成损害，甚至会出现内分泌失调等症状。国家对罂粟壳的使用有明确规定，禁止非法销售、使用、贩卖罂粟。其实在吃火锅时，也可以有一些简单的鉴别方法。

完整的罂粟壳呈椭圆形或瓶状卵形，一头尖，另一头呈6～14条放射状排列的冠状物。火锅中使用的大多罂粟壳都已破碎成片状，其内表面是淡黄色、微有光泽，有纵向排列呈棕黄色的假隔膜，上面密布着略微突起的棕褐色小点；外表面是黄白色、浅棕色、淡紫色交错相隔，平滑、略有光泽，往往有人为切割的刀痕。如果在火锅中发现这种形状的物体，就要警惕是否有添加罂粟壳的可能了。

目前，我国还没有火锅食品中罂粟壳生物碱成分的相关标准,国内外也暂无相关法定标准出台。不法商贩将罂粟壳、籽磨成粉末或制成水浸物混入火锅、麻辣烫、牛肉粉及烤禽类等汤料和辅料中，由于火锅食品香料、油脂类成分众多，导致化成粉和水的罂粟壳、籽很难识别，也对微量的吗啡等生物碱检出造成了严重的干扰。

2013 年上海市检测人员通过不懈努力，建立了一种预处理简便、检测灵敏、定量准确且快速的方法来测定食品中罂粟类成分残留物的含量，确定了罂粟碱等 5 种生物碱同时检测的方法，适用于火锅汤底、火锅酱料、调味油及调味粉，接着又确立了上海市地方标准《火锅食品中罂粟碱、吗啡、那可丁、可待因和蒂巴因的液相色谱 - 串联质谱法测定》。此检测方法一出，黑心商贩无所遁形。

“有害”火锅——工业石蜡锅底让人恼

工业石蜡、火锅，这两个看上去没有一点关系的词汇，竟然出现在了同一条新闻中，成了食品安全的又一关注点。2004 年到 2012 年间，国内各地多次在火锅店查获用工业石蜡制成的锅底，一旦石蜡在火锅里长时间烧煮，会分解成更小的低分子化合物，这种化合物会对人体呼吸道造成不良影响，降低免疫功能，使人容易患上呼吸道疾病，或者通过呼吸道感染，引发体内各种脏器疾病，如肺炎、气管炎等。尤其是工业石蜡含有各种有害金属，对人体的危害更大。这样的“工业”火锅,让人不禁担忧,究竟怎样才能远离这样的“毒”锅呢?

家庭厨房小实验

要看锅底底料是否添加里石蜡，只需加热就能辨识。

右上图：正常锅底在 40℃左右熔化　右下图：加了石蜡的锅底在 60℃以上尚未全部熔化

温度让石蜡“现原形”

*准备材料

需要检验的锅底底料，温度计，电磁炉。

*实验步骤

将需要检验的锅底置于锅内，放在电磁炉上加热，即可用温度计进行鉴别。

*原理

如果是正常牛油或者其他动物油脂凝固的火锅锅底，因为它们的熔点基本在 40℃左右，因此会马上熔化。但如果是石蜡凝固的，因为石蜡的熔点在 60℃以上，所以若通过温度计观察，到了很高的温度还迟迟不能熔化，那么这包火锅底料就需要打个问号了。

*提醒

这个实验如果有两种不同的锅底底料进行对比，可以更清楚地分辨出孰好孰坏。

老马食品安全攻略

巧避石蜡锅底料

很多消费者因为不放心火锅店的安全卫生，会选择在超市里选购袋装火锅底料，但是同样面临一个问题，火锅底料种类太多，品牌也很多，究竟怎么选才不会选到石蜡锅底料呢？有一个小方法可以鉴别，合格的火锅底料会随气温变化，产生硬度的变化，一般的规律是冬天硬、夏天软，而含石蜡的底料一年四季硬度都非常高，不易熔化，不会随气温的变化而改变；其次用手摸块状的底料，正规用牛油凝固的底料有滑腻的油腻感，而用石蜡凝固的则非常干涩。

“隐患火锅”——老油火锅使人愁

回锅油，火锅当中也有吗？答案是可能的。国家曾在重庆、咸阳等地查获非法使用回锅油制成火锅锅底的行为，央视也曾经报道过类似的案件，不少不法商家为了节约成本，反复使用经过简单过滤的回锅油，更有甚者在重庆等地曝出使用老油就是行业内的潜规则等新闻。这种“口水油”除了不卫生之外，经过反复使用的危害甚至不亚于地沟油，那么这种更不容易通过肉眼分辨出来的“隐患”锅，有什么方法鉴别呢？

老马食品安全攻略

两招辨别“回锅油”

分辨锅底是否用了“回锅油”其实有几个小绝招，一是在汤底烧沸的时候注意察看，是否有很多泡沫在锅里翻腾。正常的情况下，新鲜的汤底烧沸应该是没有泡沫的，一开始沸腾就出现泡沫可能存在老油的隐患。

二是商家端上汤底的时候，烧沸后不要立即往锅里涮食物，可以用漏勺先捞一下汤底看是否有不明残渣。如果有，则说明锅底很有可能是上一锅留下的。

小贴士

到火锅店选择汤底也有窍门。老北京的涮锅汤底就是白水，里面加一点葱、姜、海米、香料，没有添加油脂，这样的汤底几乎没有热量。清汤中会有一些油脂，但一般不是太多。因此清汤锅底相对问题较少。很多消费者最中意的麻辣锅底虽然可以辣到酣畅淋漓，但却是“火锅红”“辣椒精”等添加剂的“主战场”，久煮不褪色的麻辣锅需要留心。另外，味道太香太浓的锅底要注意。火锅熬制的香味都是自然散发的，由淡香逐渐变为越煮越香，而一端上就香气冲鼻的火锅，绝大部分可能是加了增香剂。还有各种打着营养牌的高汤锅底、骨汤锅底、菌汤锅底也要留意。

国家对于火锅店的锅底也有明确的规定，必须在醒目位置公示火锅锅底内的添加剂内容，大家以后可以留心一下，如果没有明确公示的，可以向火锅店要求知晓。

火锅涮料，真正的心腹之“患”

说完了火锅锅底可能存在的安全隐患，大家一定会说我锅底选择好，安全就没问题了吧，其实还有一样东西比锅底更加重要，那就是我们直接入口的火锅涮料——肉类、内脏类、蔬菜类等，打开火锅店的菜单，可以说是应有尽有，那么怎么吃，吃什么，才能确保火锅最后一道关的安全呢?

吃火锅涮肉似乎成为大家聚餐最流行的选择，不论是牛肉、羊肉，还是各种肉丸，都是颇受欢迎的火锅美食。针对牛羊肉卷的安全，本书第6章“食肉者‘避’”有重点介绍。这里我们着重讲的是一种常见的肉制品——肉丸。也许大家会问，肉丸不就是用肉捏成的丸子吗，做法很简单，吃起来既方便又美味，会有什么问题呢?其实市场上的肉丸质量参差不齐，安全隐患往往就出现在容易被忽视的地方。

一般大家接触肉丸会有两种方式，第一种是在超市选购自己家里食用的，第二种是在火锅店就餐时会选择的，那么对这两种肉丸各需要留意哪些问题呢?

老马食品安全攻略

慧眼识肉丸

第一种在超市选购自己家里食用的肉丸，不知道大家是否注意过它的标签。首先介绍一下专业的背景，其实国家专门有一个肉丸标准，因为单一一种肉做成肉丸口感不佳，允许用其他肉混合做，但是并没有规定每种肉的比例，这就是它的问题所在。如果你仔细看标签，会发现牛肉丸的配料表内可能有鸡肉、猪肉，其他肉丸同样会出现这种现象。因为标准并没有规定多少比例，标签上也没有标注，用便宜肉充好肉的现象可能会出现，因此购买时需要留心，肉丸的标签“内容”不要太多为好。

第二种就是在火锅店上餐桌的肉丸了，这里的肉丸质量更加容易参差不齐，小餐馆更有可能出现来源不明的肉丸，用什么肉制成的也不清楚。有一个小方法可以简单鉴别肉丸的质量，用手掰开肉丸，如果是肉质松散、如同粉状的肉丸就需要留心肉质是否新鲜纯正了。

最后提醒大家，除了肉丸，火锅的各种鱼丸、虾丸也有不少问题存在，食用时要多加注意。

鸡鸭血，也是很多人吃火锅钟爱的美食，也有很多关于鸡鸭血可以吃血补血、营养丰富的说法，但它恰恰是最容易出问题的火锅涮料，因为有些号称鸡鸭血的，大部分是用猪血代替的，而不管鸡鸭血还是猪血，来源和质量安全也令人担忧。

规范的畜禽采血要有检验检疫合格，过程要安全控制，如猪血的采集需要真空采血工艺和设备，但因为其价格较高，一般生产商无法承担这类费用。大部分鸡鸭加工厂采血工具和环境十分简陋，生产出来的血类制品甚至会夹杂动物的粪便、唾液等。目前国家也没有食用畜禽血制品标准，虽然有些省市也在制定地方标准，但实际上监管难度较大。

在这里提醒消费者，畜禽血类制品还是少吃为妙。还有火锅用动物内脏和器官做原料的问题同样明显，因为有些加工厂设备都比较简陋，牛百叶、黄喉、猪肚等在加工过程中可能会出现漂白和添加等问题，不管从营养角度还是从安全角度来看，同样建议大家少吃为妙。

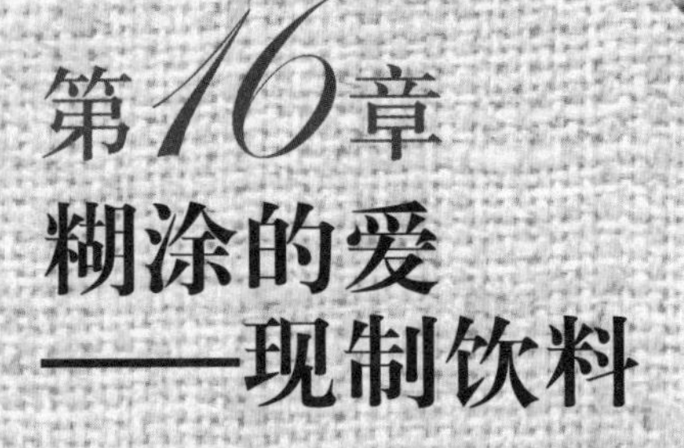

第16章 糊涂的爱——现制饮料

现在到餐厅吃饭，许多人喜欢点现场制作的饮料。人们在注重口味多变的同时，更加关注新鲜和健康，因此现制饮料成为一种新兴的饮品种类。大家总以为用新鲜的果蔬现场榨，不但原料新鲜有营养，总比添加各种添加剂的瓶装果汁饮料要好，那红红的西瓜汁、黄黄的橙汁、碧绿的黄瓜汁，看起来也悦目，虽说价格贵点儿，只要好喝也值了。

除了现榨果蔬饮料，还有现榨五谷杂粮饮料，那黄黄浓浓的玉米汁、白白香香的自磨豆浆都深得注重健康人士的青睐，点单率挺高的。除了鲜榨的饮料，还有现调的饮料，近年来红火的奶茶就是典型代表。小小的奶茶铺随处可见，生意很好，连不少快餐店、饮品柜、咖啡厅、歌厅等也纷纷销售现制饮料。

可是到底现制饮料好不好？
如果搞不清，岂不是糊涂的爱？

现榨果蔬饮料中加了多少水

从水果和蔬菜中直接榨汁，除了西瓜一类水分特高的水果外，像橙子、黄瓜等果蔬出汁率是很低的，而且榨出的浆汁很浓厚，肯定要加水的，就是加了水，质地也不均匀，还容易分层发生沉淀。

真正的纯果蔬出汁率太低，成本相当高，牟利的诀窍当然是要加水，反正加多少水没有国家标准，所以一只芒果能“榨”出 3 扎芒果汁、两个橙子能“榨”出 6 扎鲜橙汁、一个西瓜能“榨”出 20 扎西瓜汁，每扎分别售价在几十元、近百元。因此上海市对此出台了《现制饮料食品安全地方标准》，特别规定：“除水分较少的果蔬加工过程中因工艺需要可适量加水外，制作现榨果蔬饮料不得加水。”

现榨果蔬饮料是不是现榨的

有的商家还嫌自己榨汁太烦，再加上由于季节因素，原料情况不断地变化，鲜榨果汁的品质很难保持一致，有些原料甚至会断档。最简单的方法，莫过于用浓缩果汁调配。以浓缩果汁为主，配少量鲜果榨汁，然后加糖和水稀释一下就上台秀了，那和现榨果蔬的健康指数就差远了。

现制饮料中加了多少添加剂

如果你自己做过鲜榨果蔬汁的话就知道，大部分鲜榨的果汁很容易变色，像橙汁榨好后放几分钟就褐变，原来亮亮的橙黄色一会儿就变暗了，更不用说黄瓜汁了，绿色昙花一现，之后马上变成很难看的黄褐色。而且纯的果蔬汁，大部分不甜，有的还挺难喝。大部分真正纯的鲜榨果蔬汁还会发生分层和沉淀。那为什么在餐饮店喝的鲜榨果蔬汁那么光鲜、那么可口、那么均匀呢?

奥秘就在于添加剂，加了水以后鲜榨果蔬汁更加会分层和沉淀，那就加点增稠剂，什么果胶、羧甲基纤维素等溶解后加进去，马上果汁变浓稠了，而且均匀，不分层不沉淀。水加多了味淡可不好了，糖和甜味剂必不可少；至于变色的问题也好对付，色素就是好帮手，现榨橙汁用日落黄加些胭脂红就是橙色，黄瓜汁要柠檬黄加一点亮蓝就是黄瓜绿，而且保证几个小时不褪色。

其实，使用食品添加剂来配制果味饮料并不是罪过，问题之一是，有没有按国家规定的标准加。问题之二是，现榨果蔬汁成分大打折扣，而添加成分量较多，却打着“纯鲜榨果蔬汁”的旗号来糊弄消费者，就是一种欺诈行为了。上海市制定的《现制饮料食品安全地方标准》就此规定：“现制饮料不得掺杂、掺假、使用非食用物质，现制饮料现场加工过程中不得使用食品添加剂。”

一杯饮料有多少细菌

几年前笔者和研究团队在夏天曾经对上海市商业街上的奶茶铺销售的现制珍珠奶茶进行抽检，结果发现有 64.52% 的珍珠奶茶中大肠菌群数大于 24000MPN/100 毫升，32.26% 的被查珍珠奶茶菌落总数超过 3 万个 / 毫升。

大肠菌群是卫生学用语，它不代表某一个或某一属细菌，而指的是具有某些特性的一组微生物。大肠菌群是作为粪便污染指标菌来监测的，主要是以该菌群的检出情况来显示食品中有否粪便污染。大肠菌群数的高低，表明了粪便污染的程度，也反映了对人体健康危害性的大小。粪便内除一般正常细菌外，同时也会有一些肠道致病菌存在，因而食品中有粪便污染，则可以推测该食品中存在着肠道致病菌污染的可能性，潜伏着食物中毒和流行病的威胁。

上海市消费者权益保护委员会也曾对上海的现制饮料市场进行过调查，在市场上随机购买了40件现制饮料，结果显示，细菌总数实测值超标的有12件，大肠菌群实测值超标的有16件样品。上海的现制饮料地方标准把大肠杆菌限量值定为≤100CFU/ml，把菌落总数限量值定为≤50000CFU/ml。最近一次根据对190件各种现制饮料菌落总数的测定，也有10.5%的产品菌落总数超标。大肠杆菌虽不等同于大肠菌群，但属于大肠菌群中的一种，且更能反映食品短期污染情况，因此欧盟、加拿大和我国香港都对即食食品中大肠杆菌限量进行设定，而菌落总数更是反映了饮料的总体细菌污染状况。

现制饮料特别是鲜榨果蔬汁，既不能加热杀菌，消毒又困难，从果蔬、榨汁机到操作人手的清洗、消毒，一样都马虎不得，到夏天尤为重要。现在有些饭店、饮品店做鲜榨果蔬汁的水果就简单水冲冲，也不消毒；榨汁机清洗马马虎虎，从开始上班到下班榨汁机一直用，“一榨到底”中间从不清洗和消毒；许多现制饮料贩售点都是敞开式的，地点又大多位于繁华路段的街边，外界环境中的细菌能够轻易进入到产品中；还有加工环境的温度控制、食用时间控制、人员和工具交叉污染控制等都是安全难点和薄弱环节。任何一个环节如果出现问题，都会造成果蔬汁细菌大量污染繁殖，极易引起食物中毒事故。

一杯奶茶有多少营养

小店铺奶茶的配方很简单："水、珍珠果、奶茶粉、奶精、糖浆等。"开奶茶铺有专门的原料生产供货商。原料中"奶精"也称植脂末，主要成分是氢化植物油、乳化剂和酪蛋白酸钠，其中含反式脂肪酸；奶茶粉有草莓、柳橙、木瓜、芒果等二十多种口味，都是由各种水果的色素、香精再加增稠剂、乳化剂等添加剂配制而成。因此，这些奶茶基本就是添加剂的大集成，所以成本也很低，七八毛钱的成本就可以调出一杯珍珠奶茶；即便原料好一点，一元多也足够了。

有些所谓奶茶根本没有牛奶，也没有蛋白质、维生素、钙、矿物质、纤维素等一点点好的营养成分。奶茶的热量高，一杯360毫升的奶茶热量大致相当于一碗白饭，想要瘦身的女性容易越喝越胖。奶茶的添加剂多，有的还隐蔽着没标注的成分，隐患多多。珍珠奶茶中的奶精含反式脂肪酸，反式脂肪酸的危害如今已有公论：长期摄入可能引发冠心病等心血管疾病、糖尿病，还会抑制婴幼儿的生长发育。

现制饮料好不好？如果是诚信经营、科学配方、规范操作的现制饮料，是好饮料。真正的鲜榨果蔬汁不加添加剂，就是加点水也无妨，维生素含量依然较高；就是有沉淀也没关系，因为有纤维素肯定要下沉的，而有植物纤维素对健康有益，这正是鲜榨果蔬汁的特点和优点。但看清经营现制饮料的店铺，千万不要付出糊涂的爱，对那些不合规范标准的现制饮料要说：不!

现制饮料温度是几度

鲜榨果蔬汁的原料是新鲜水果和蔬菜，这些果蔬里多多少少含有硝酸盐。蔬菜、水果采收之后，在细菌硝酸还原酶的作用下，硝酸盐可被还原为亚硝酸盐，使得蔬菜中亚硝酸盐含量升高，维生素 C 含量下降。储存温度越高，这种变化越快。尤其到了夏天，放在高温下储藏较短时间，果蔬中的亚硝酸盐浓度就可能上升几十倍乃至几百倍。

我国标准规定了亚硝酸盐在蔬菜中的限量值为每千克不大于 4 毫克。蔬菜放在冰箱中保存，硝酸盐转变为亚硝酸盐的速度会比较缓慢，但储藏时间较长，仍然有亚硝酸盐含量过高的危险。如果用这种果蔬做原料，那将导致鲜榨汁中的亚硝酸盐含量升高。

亚硝酸盐是强氧化剂，大量进入人体后，短期内可使血液中低铁血红蛋白氧化成高铁血红蛋白，从而失去输送氧的功能，致使组织缺氧，出现青紫而导致急性中毒；此外，亚硝酸盐进入人体后一旦转化为亚硝酸胺，就有较强的致癌作用了。据文献资料显示，温度是影响果蔬中亚硝酸盐含量的重要因素。已消毒且待使用的果蔬及其半成品，应置于冷藏库中降温保存，运输贮存温度宜维持在 2 ～ 10℃。

现制饮料使用的果蔬原料富含养分，特别是果蔬半成品经过改刀后易受细菌污染，再加上现榨果蔬汁不再进行灭菌加工，因此也应该控制食用时间和温度。现榨果蔬汁应即榨即销，如不能即时供应的，要放在 10℃以下的密闭冷藏设备中贮存，放的时间也不能超过 2 小时，并在制作的当天销售。

像五谷杂粮类的现制饮料榨汁前要烧熟煮透，采用热链保存要确保中心温度高于60℃，以减少细菌的滋生。如果消费者夏天需要冷豆浆类冷却的现榨五谷杂粮汁，制作时应对烧熟煮透的五谷杂粮速冷降温，在2小时内将饮料中心温度降到10℃以下，并在制作的当天销售。

因此要看明白所买到的现制饮料做到温度控制了吗，如果没有，那千万别糊涂，不要去买！

老马食品安全攻略

哪些现制饮料不靠谱

（1）打着“纯果汁”的牌子，但果汁颜色很浓艳，吃口又甜，汁液均匀无沉淀的，别轻易相信，很可能是配制果汁。

（2）对那些现榨饮料的制作场所很小的，餐饮服务单位制作场所使用面积小于2平方米，食品零售单位制作场所使用面积小于8平方米，没有专用、独立的加工场所或专间，没有专人进行现榨饮料制作的饮品店和饭店，别去光顾，因为他们连现榨饮料制作的基本条件都没有，安全没保障。

（3）看看饮品店和饭店里现榨饮料制售单位操作区内有没有洗手水池、洗食物的水池和消毒池，要是连空调也没有，放果蔬的冷藏箱也没有的，请勿光顾。

（4）即便是添加水（冰）的现榨果蔬汁，也必须是纯果蔬汁。看见在菜单、宣传广告、价格牌上标示或宣称产品为“现榨饮料/品”“现榨果蔬饮料/品”“现榨五谷杂粮饮料/品”等的，要注意辨别。

家庭厨房小实验

自己在家制作果蔬汁时常常会发现，做出的浆汁在几分钟到几十分钟的时间后会变脸，一是颜色会很快变深变褐，二是会分层和沉淀。那样看起来也没有食欲了，更别说拿出来给客人了。现在介绍一种靠安全的添加来防止自制果汁“变脸”的方法。

自制果汁防“变脸”

***准备材料**

维生素C粉1克（用药店中购买的维生素C片碾碎即可），琼脂（俗称洋菜、冻粉）50克、打浆机、纯净水、橙子等需要的果蔬原料。

***实验步骤**

（1）把5克琼脂在清水中浸泡2小时后，放入不锈钢锅用150毫升的水小火煮沸，煮至完全溶解。冷却后取琼脂溶液100毫升左右备用。

（2）清洗橙子，开水烫后去皮切块，根据打浆机容量加入果块，再根据自己口味爱好加入适量纯净水。

(3)在打浆机中根据 1 升果汁加 10 毫升的比例加入备用的琼脂溶液。
(4)再在打浆机中根据 1 升果汁加 0.5 克的比例加入维生素 C 粉。
(5)按正常操作打浆，打浆后倒出果汁看看变色和分层了吗?

左图：现榨果汁会分层，颜色会变暗　右图：含添加剂的现榨果汁不分层

*原理

橙汁以琼脂作增稠剂、稳定剂和悬浮剂，使用浓度 0.05% 左右的就可使颗粒悬浮均匀；如效果不佳，也可加大浓度。
果蔬汁变色是因为果蔬中的“多酚类物质”和“酚氧化酶”在作怪。榨汁时在充足氧气条件下，氧化酶很快会催化无色的多酚类物质发生氧化反应，生成有色的“醌类物质”。这些醌类物质能够相互聚合，使颜色越来越深。在沸水中短暂“热烫”，可使酚氧化酶失活，不能再催化氧化反应；在打浆榨汁时加入少量维生素 C、柠檬酸等安全的添加物质，能够抑制氧化反应。

第17章

难以捉摸——酒的真假

“红、黄、白、啤、洋”是现在酒席上常见的五种酒，而说到假酒，由于市场和利润的缘故，最常见的还是白酒（中国高度酒）、红酒（葡萄酒）和洋酒（外国高度酒）三种。从白酒造假的性质来看，目前市场上有两种不同性质的假酒——

一种是危害食品安全的假酒，还有一种属于商业欺诈行为的假酒。

危害食品安全的假酒是用工业酒精、甲醇为主要原料配制勾兑出来的，尤其是用甲醇勾兑的白酒，可以称之为有毒酒，喝到这样的假酒，轻者可能会眼瞎身残，重者就有可能送命。所以经常喝酒的人，有必要学习一下怎么鉴别假酒。制售此类假酒的违法分子，危害食品安全犯罪，将会受法律的严惩。此类事件较多发生在农村和边远地区，所以到那里去的自助旅游者要当心，不要随便喝当地的散装白酒。一般城市消费者要到正规销售渠道买规范的瓶装酒，不要到小店小贩处买散装酒，基本就可以防范此类假酒。

目前发现最多的假酒是用价廉的低档酒充做高档的名酒、进口酒，这是属于商业欺诈行为的假酒，虽然不至于对人体有大的危害，但老百姓花了冤枉钱买了质次味劣的假酒，还是痛恨不已。

全国 17 种名酒，市场上都有假冒品种，加上这种假酒真伪难辨，买到假酒的概率是很高的，因此这里重点谈谈如何鉴别酒的真假。

白酒真假大比拼

1. 看装识假

不管什么酒，要识假第一步就是看包装。现在由于回收酒瓶的现象十分严重，所以单从酒瓶难以分辨真假，但是假酒的纸盒、瓶贴标签、瓶盖等一定是要重新作假的。可以仔细看看包装的商标名称、色泽、图案以及标签、瓶盖、合格证、礼品盒等方面的情况。

标签：一般瓶贴标签有正标和背标，有时可通过酒瓶透视看标签的背面，真酒的标签透视度特别高，印刷字体十分清晰，而假酒则完全达不到高清晰度。优质白酒标签纸质厚实、精良白净，印刷字体规范清晰，色泽鲜艳均匀。发现字体图案套色偏移、油墨线条重叠、金膏边线易落等，肯定是假的。

瓶盖：国内几大名白酒的瓶盖大都使用铝合金防盗盖，采用一次性扭断防伪封口盖，酒瓶取出后即破坏了盒盖，无法回收再次使用。盖体光滑，形状统一，开启方便，盖上的图案及文字整齐清楚，对口严密。若是假冒产品，则封口塑料粗糙，没有光泽度，倒过来时往往滴漏而出，盖口不易扭断，而且图案、文字模糊不清。每瓶酒的瓶盖上都印有批号，假酒的批号印刷十分容易掉色，只要用手指反复摩擦，数字就抹掉了，而真酒的批号是不会被蹭掉的。

防伪：国家名酒已在包装或瓶盖上使用激光全息防伪标志、荧光防伪标志、温度防伪标志或仿形防伪技术等。如茅台酒的防伪图案有“飞天”和“五角星”两种，均采用激光全息防伪标志，从不同角度看，会呈现不同的色彩。假酒“贼喊捉贼”也有防伪标识，但假的终归是假的；真茅台的防伪标识颜色浅，而假茅台酒用套色印制的颜色非常深；假酒的防伪标识表面有蜡，用指甲一划就可感觉到，而真酒表面平滑；五粮液的瓶盖贴有“回归反射防伪胶膜”，在自然光下，可看到白底红字的五粮液防伪标记，用防伪小手电筒照，可看到反射出的五粮液酒厂厂徽。最可靠的方法是打标示的防伪电话，真伪立即可辨。

2. 倒瓶识假

先把酒瓶慢慢地倒置过来，对着光看瓶里酒液，如果发现有浑浊、悬浮、沉淀或絮状物，说明酒中杂质较多，至少不是优质酒。除酱香型酒外，一般白酒都应该是无色透明的。若酒是瓷瓶或带色玻璃瓶包装，稍微摇动后开启，同样可观察其色泽和沉淀物。

然后用力摇晃，观察酒花，一般酒花细、堆花时间长者为佳。如出现小米粒到高粱米粒大的酒花，堆花时间在 15 秒钟左右，酒的度数应该是 53 度～55 度；如果酒花有高粱米粒大小，堆花时间在 7 秒钟左右，酒的度数约为 57 度～60 度。这可与标示的酒精度数比较，如差异大的就有假酒的嫌疑了。

3. 闻香辨味识假

这其实是对已买回来的酒做后期的识别了。把酒倒入无色透明的玻璃杯中，对光观察，白酒应清澈透明，无悬浮物和沉淀物，杯壁上会出现环状不溶物。然后闻其香气，虽然各种白酒“浓、酱、清、米”香气各有不同特点，好酒喝后却总是空杯留香，而有异味、化学品味、香味刺鼻的肯定是假酒。

最后品酒味，品尝时取少量酒入口，令酒布满舌面，仔细辨别味道，酒下咽后立即张口吸气、闭口呼气，辨别酒的余味。有经验的品酒者一品就知高低优劣了，好酒一定是口感柔和、绵甜、爽净、谐调，余味长。而较少喝酒的人只要记住：好的白酒喝下很“顺”，直下喉咙而去，如果酒在口腔内四处散开、入口呛喉、有杂味、上头的，则为低档劣质白酒。

小贴士

酒有没有保质期

按照国家标准规定，酒精度大于等于10%的酒可以免除标示保质期。但免除标示保质期不等于没有保质期，实际上酒精度超过10%的不同类型的酒，在长时间储藏后品质会发生变化。

黄酒“陈年酒”：是指在密封原酒桶中酿造存放的酒，而不是家里用玻璃瓶密封的酒。装瓶后的酒最好在三年内喝完，存放时间过长即使不变质，也会产生酒容积减少、酒精度降低、香味挥发、酒味变淡等品质下降的问题。

白酒：低度白酒，尤其是32度以下的白酒，时间久了，会失去白酒本来固有的特性。想存放时间长比如十年以上的话，最好选高度（52度以上）的纯粮酿造的白酒。

红葡萄酒：并不是年份越久就越好。红酒上面的年份是指用当年的葡萄所酿造的。大部分的葡萄酒不具有陈年能力，最佳饮用期视不同的酒而不同，一般在2～10年。只有少部分特别好的葡萄酒才具有陈年能力。一些法国意大利的顶级红酒，陈年能力有数十年甚至上百年。波尔多顶级酒庄的不少葡萄酒即使保存超过1个世纪，仍然适宜饮用。

家庭厨房小实验

下图：左边试管是真酒，右边为假酒

白酒真假一勺验

***准备材料**

待测白酒若干，干净透明玻璃试管或透明小酒杯 3 ~ 4 只，小苏打粉一包。

***实验步骤**

把各种待测白酒分别等量倒入试管或小酒杯，然后各加一小勺苏打粉，看结果。

***实验结果**

如白酒颜色一点没变就是假酒，如变浑浊是劣质酒，如变透明黄色，是真酒。

难以捉摸的葡萄酒

近年来，葡萄酒在我国的销量越来越大，但市场上发现了多种难以捉摸的假葡萄酒，给消费者带来了困扰。

1. 不含葡萄汁的假葡萄酒

过去称为“三精一素”的劣质酒，是用酒精、糖精、香精、色素等添加剂调制而成的。现在一般用甜味剂取代糖精，原料上缺少葡萄汁成分，也没经过酿造，因此根本不能称之为葡萄酒，这是商业欺诈行为。这种饮料成本极低，一般生产成本每瓶不超过 2 元钱，很难进规范的大型超市、商店，有可能在小店或不规范的小超市销售。

2. 兑水葡萄酒

为了使造假更容易迷惑人，有的不法厂商采取在少量葡萄酒中兑水的方法，假酒中的葡萄酒一般占 20%，其余都是水。为了达到逼真效果，不法厂商在掺水后用柠檬酸来调酒的酸度，用苋菜红色素来调酒的颜色，用甜蜜素来调酒的甜度，什么都可以调制仿冒。

3. 半汁葡萄酒

高档葡萄酒均为全汁酒和特制酒，是用 100% 的葡萄原汁，在旋罐中进行色素和香味物质的隔氧浸提之后，再进行皮渣分离发酵酿造而成。中档葡萄酒含汁率为 50%，所以称半汁葡萄酒。低档葡萄酒含汁率为 30%，在酿制过程中加入一定数量砂糖、酒精，营养价值低。

本文所说的葡萄酒是指以葡萄或葡萄汁为原料，经全部或部分发酵酿制而成的全汁葡萄酒。半汁葡萄酒只有国内存在，在国际上没有半汁葡萄酒之说。我国自产的做甜型葡萄酒的原料葡萄酸度太高，需要加糖加水稀释调制。考虑到国内有饮用甜型酒的习惯，同时也为了保护民族葡萄酒产业，目前我国在法律上允许生产半汁葡萄酒。

半汁葡萄酒也称为露酒，一般价格很低。半汁葡萄酒应在商标上标明品名是露酒，或标注葡萄汁含量，但许多半汁葡萄酒却在商标上标注为“全汁”。这也是假冒欺诈行为，而这些产品即便在大型超市也会见到。

4. 假冒进口酒

用国产或进口的低价酒假冒进口高档酒。这种葡萄酒造假最迷惑人的是标签，造假者为假酒仿制印刷各种各样的酒标，仿真率达 95% 以上，足以乱真，一般消费者根本无法辨别。

对没有葡萄汁的假酒，本文的“家庭厨房小实验”会给大家介绍一下识别的方法。现在发现越来越多的是其他作假的方法，相对难以识别，但毕竟“魔高一尺，道高一丈”，总有识假打假的方法。

葡萄酒真假大比拼

1. 看酒瓶识假

此招专对低级制假酒，此种假葡萄酒非常多见，价格也非常便宜，不但酒假品质低，而且酒瓶、酒帽、软木塞到酒标全是假的，只要仔细看，假冒痕迹也很容易被发现。

原装进口葡萄酒一般都是简易的木箱或纸箱整箱包装的。国内市场上有的进口葡萄酒用精美的礼盒、纸盒、木盒包装，其实都是国内销售商定做的。原装进口葡萄酒的玻璃瓶制作完美，瓶底或瓶身下侧有凸出的数字，表明容量和酒瓶直径，如"750ml、70mm"等，还有其他外文字母。而假酒瓶品质低劣，酒帽通常过新或者形状不对，软木塞通常过短且十分粗糙。有年份的进口真葡萄酒酒帽和酒标多少有点发旧，而假酒酒帽和酒标也会显得过新，甚至印的油墨容易被擦掉。假酒酒标上还通常会出现拼写以及字体等错误。

2. 看软木塞识假

此招专对高级造假酒，是指用原装酒瓶的原装葡萄酒，只是改酒标年份。因为酒年份越久越值钱，一瓶 1992 年的拉菲改为 1982 年的拉菲，价格就昂贵得多了。所以这种假酒不少，而且易迷惑人。对付这种假酒单单看酒瓶难判真假，唯一的办法就是看软木塞，高级葡萄酒的软木塞上通常会刻有正确的年份和品牌名。尽管年份久远的葡萄酒也有换塞的传统，但是新换的软木塞上通常既会标上原来的年份，也会标上换塞的年份。如果酒标上的年份和软木塞上的真正年份不同，那么这瓶酒十有八九会是假酒。

3. 看酒帽识假

此招专对真瓶装假酒，它是用收购来的原装酒瓶重新灌装葡萄酒，这种冒充顶级酒庄的葡萄酒暴利惊人，市场也很大。看起来酒标和年份都对，但不怕不识货，就怕货比货。只要对比一下原装酒帽，改装的酒帽质感和颜色与原装的差异肯定一看就明。此外，顶级酒庄葡萄酒的软木塞通常比普通的软木塞要长，品质要好。

4. 看酒标识假

正规进口葡萄酒在酒瓶正面贴有进口国文字的正标，同时在背面必须贴中文背标，必须用中文标明葡萄酒品名、原产国、生产厂家、生产（灌装）日期、进口商等内容。如果没有正规的中文背标，或者酒标中有明显的文字拼写错误或上下文矛盾的，那一定是不明渠道进来的。

5. 品口感识假

葡萄酒的口感学问很大，产区、葡萄原料、保藏时间、酿造方法等都会对口感有影响，一般消费者也不是品酒大师，常难以分辨是哪个品牌哪年出品的酒，但假酒还是可以学会识别的。但凡国内劣质配制的葡萄酒会出现刺鼻的香料味与浓郁的酒精味，口感单薄无回味，酸甜不协调。而真正原装进口的优质葡萄酒，通常有葡萄带来的水果香气与橡木桶陈酿的味道，酒香明显而怡人，酒精度和酸度在味蕾中恰到好处，酒体饱满，口感愉悦，回味悠长。

家庭厨房小实验

市场上有用水、色素、酒精、香精调制出的假葡萄酒，里面不含一滴葡萄汁。不仅欺骗了消费者，对健康也有很大危害。那么是否有简单有效的方法来鉴别这种不含葡萄汁，或者葡萄汁含量很低的假酒呢？有以下两种方法。

怎么验证没有葡萄汁的假葡萄酒

碱蓝酸红法

右上图：加食用碱粉后变蓝色的真葡萄酒
右下图：加白醋还原之后的真葡萄酒

*准备材料

准备好食用碱粉（化学名为碳酸钠）一包、白醋一瓶、几只透明的玻璃杯、一把小勺子。

*实验步骤

（1）先将几只透明杯子一字摆开，分别在杯子里倒入待鉴别的各种葡萄酒。随后用小勺取少量食碱粉，放入杯中均匀搅拌。
（2）“食碱先验真”
如果放入食碱粉的那杯酒明显变成了蓝色，或近于绿色，酒液透光度很低，有的即使对着太阳光也不再透明，那就是含葡萄汁的葡萄酒。颜色的深浅与葡萄汁含量有关，颜色越浅，葡萄汁含量越低。如果那杯酒不含葡萄汁，就基本不会发生变化，颜色、透明度与没放入食碱粉以前差不多。

（3）“白醋再复查”

洗净小勺，在每只杯子中各加一勺白醋。搅拌均匀之后，遇碱变成蓝黑色的真葡萄酒会还原到最初的紫红色，也恢复之前的透光感，而勾兑的假酒依然没有丝毫变化。所用白醋至少应当与碱粉用量相当或略多，否则可能影响还原效果。

*原理

葡萄汁中的花青素与碱、酸发生化学反应，遇碱变蓝，遇酸变红。当然这种方法有局限性，它检验不出身份作假的葡萄酒，还有它对完全用“三精一素”作假的葡萄酒效果明显，对有的“半汁葡萄酒”效果不明显。这种以及下面介绍的简易方法只是用于消费者一般的初步辨别，不做法定的判别依据，真正的鉴别还要靠有资质的检验机构。

色素扩散法

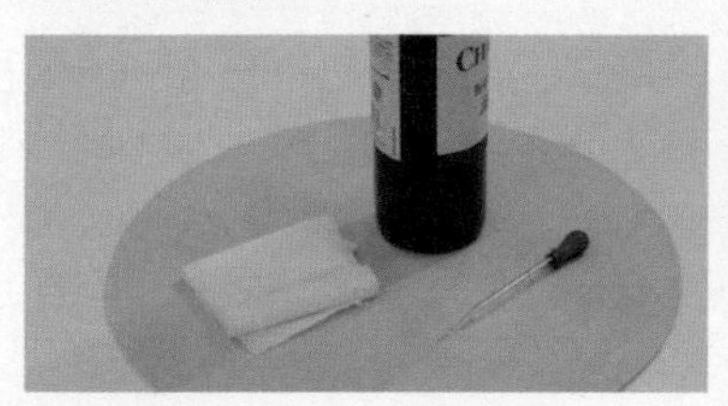

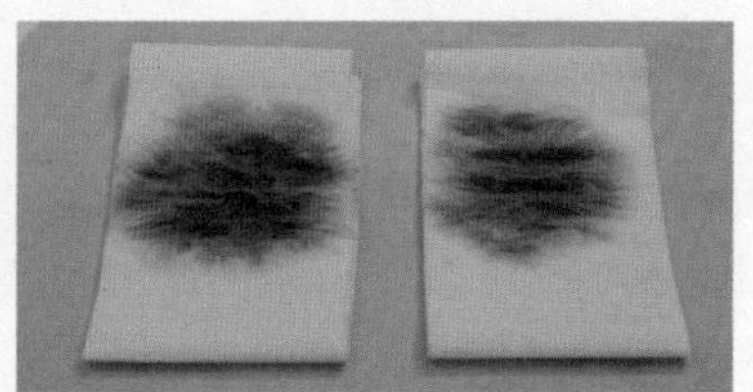

右图：左侧是假葡萄酒，右侧是真葡萄酒

*准备材料

白色过滤纸或白色餐巾纸、待测葡萄酒、玻璃滴管 2 支。

*实验步骤

拿一张白色过滤纸或白色餐巾纸，折成几层放在桌上。把酒瓶晃动几下，然后在纸面上倒 2 ～ 3 滴酒，观察葡萄酒扩散的痕迹。

*实验结果

如果红色在纸巾上均匀扩散，是真酒；如果红色不扩散，只是水迹扩散，而扩散不均匀，并有环状的色素沉淀，则是假酒或质量差的葡萄酒。

*原理

原汁葡萄酒中的天然色素颗粒非常小，因此扩散均匀。假冒葡萄酒中的合成色素颗粒大，会沉淀在纸上。

小贴士

葡萄酒的种类

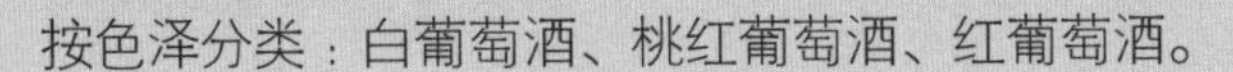

按色泽分类：白葡萄酒、桃红葡萄酒、红葡萄酒。

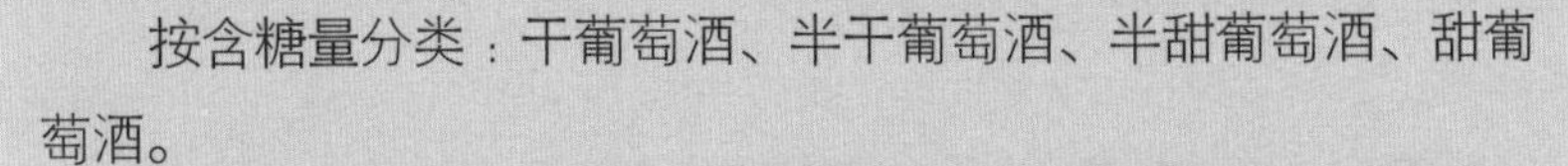

按含糖量分类：干葡萄酒、半干葡萄酒、半甜葡萄酒、甜葡萄酒。

按二氧化碳含量分类：平静葡萄酒、起泡葡萄酒、高泡葡萄酒、低泡葡萄酒。

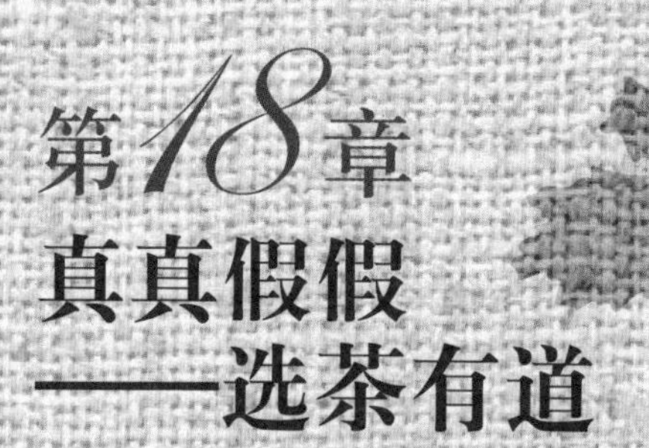

第18章 真真假假——选茶有道

现代人越来越注重健康养生，很多人已经从饮料、咖啡、果汁等饮品开始逐渐转向喝茶，一方面满足口感，另一方面更重要的是茶似乎是所有饮品中最健康的。在“绿、青、红、黄、黑、白”六大茶中，绿茶又以其丰富的茶多酚、卓越的抗氧化等效果而备受青睐。

那么绿茶应该如何挑选呢？

细挑好新茶

什么是新茶呢？只要是当年采制的茶叶，一般都称为新茶。但新茶品质也有好坏之分，我国长江中下游是茶叶主产区，一年中茶叶的采制分春茶、夏茶、秋茶三种。春茶是指当年5月底之前采制的茶叶；夏茶是指6月初至7月初采制的茶叶；7月中以后采制的当年茶叶，就算秋茶了。

其中，4～5月上市的春茶品质最好，所以说很多人就把新茶定义为当年上市的春茶。春茶一般在3月下旬到5月中旬之前采制，春季温度适中，雨量充分再加上茶树经过了冬季的休养生息，使得茶芽肥硕，色泽翠绿，叶质柔软。影响茶叶品质的一些有效物质，特别是氨基酸及相应的全氮量和多种维生素富集，不但使绿茶滋味鲜爽，香气浓烈，而且保健作用也佳。因此春茶，特别是早期春茶，即“明前雨前”茶往往是一年中绿茶品质最好的，龙井、碧螺春、黄山毛峰等名茶都是由春茶早期的幼嫩芽叶经精细加工而成的，所以春茶为贵。

辨清陈茶和假茶

大家选择绿茶往往是因为绿茶具有抗衰老、降脂利尿、护肤明目等功效，这些功效大都依赖绿茶中丰富的茶多酚、叶绿素、氨基酸等营养物质。而陈茶中这些物质的含量就差了许多，且在茶叶的口感方面也是新茶好，储存越久的茶叶，品质越差。

但事实上，消费者在市面上买到真正的新茶也不是一件容易的事。一方面真正的新茶每年产量本来就不多，如果再加上当年气温、雨水等条件不理想，可以上市的新茶就少之又少；另一方面，只要不是当年采制，隔了年的茶，就是陈茶。而许多商家并不能在当年就及时把所有茶叶卖出，这些剩下来的绿茶如果当陈茶卖，价格就大不如卖新茶来得划算。所以很多商家通过冷冻等保存技术，让陈茶看起来与新茶差别不大而当作新茶来卖，但其实，这归根结底还是陈茶，绿茶中的营养物质还是大不如真正的新茶。

如果消费者花了高昂的价格去买新茶，但买到的却是陈茶，那就不但营养、口感差，还不利于健康。绿茶的保鲜技术要求非常高，茶多酚的含量，茶叶的色泽、口感等非常容易流失，因而想要把隔年的陈茶保存到与新茶无差别难度非常大，况且，很多商家积存的往往不只是隔了一年的陈茶，可能会隔很多年，那差别就很明显了。

家庭厨房小实验

市场上也发现过不法商贩用貌似茶叶的其他植物叶子来做假茶，可能给人体健康带来很大的隐患。怎么识别这种假茶呢？我们可以用简单的化学小实验，一滴辨真假。

右上图：加三氯化铁后发蓝黑色的茶水，是真茶
右下图：加三氯化铁后不变色的茶水，是假茶

真茶假茶一滴辨

***准备材料**

微波炉、可微波加热的玻璃碗、白瓷盘、三氯化铁（这是一种很普通的化学试剂，一般化学试剂商店都有售）、纯净水一瓶、待测茶叶。

***实验步骤**

（1）取 3 克左右的茶叶捻碎放在干净的微波玻璃碗中，再在碗中加 30 毫升煮沸的纯净水，摇匀加盖浸泡 5 分钟。
（2）把浸泡后的有茶水的加盖玻璃碗放进微波炉，中火加热到微沸，静置。
（3）把茶水放到白瓷盘上，然后滴加 1% 的三氯化铁溶液。

***实验结果**

如茶水出现蓝黑色说明有单宁，没有变化则是假茶；但有单宁还不能断定是真茶叶，因为其他植物叶子也有单宁，还需进一步结合感官、理化分析来评定。

***原理**

茶叶中有单宁成分，单宁和三氯化铁反应会产生蓝黑色沉淀。

谨防翻新茶

不法厂商为了使陈茶卖出好价钱，会为陈茶“穿新衣”“戴新帽”，就是在陈茶中加入添加剂，可以使陈茶从外表看来与新茶无异。这也还不是最坏的情况，最怕就是买到翻新茶。每年春茶上市的时候，翻新茶的事件也屡有发生，其中闹得最沸沸扬扬的当数“康师傅翻新茶事件”。2012 年，南方某报社的记者历时三个多月，通过蹲守暗访，发现在广州一处偏僻的山坳里，竟然藏着一家茶厂，这家茶厂用从“康师傅”收购来的茶渣生产二手茶。这个工厂里环境极差，污水横流，地面上堆积着大量用过的湿茶叶，工人随意踩踏在上面，而工厂一角，在用搅拌机烘干茶叶的工人还时不时往里加一些白色物质。据了解，这些白粉末是糯米粉，可以保持茶叶的形状，让二手茶看起来像新茶，再加上一些色素和香精，使这些本该用来制作枕头芯的茶渣在这里摇身一变成了新茶出售。

这种翻新茶可以算是使用过的“口水茶”，如此恶心，谁还敢喝？如果你买到了这种翻新茶，那真是倒霉了，不仅没有绿茶中的任何营养，以旧翻新还要添加一些香料来增香，用染色剂染色，如果是用铅铬绿等有害金属元素染色，更会危害健康。

老马食品安全攻略

鉴别新茶、陈茶和翻新茶要“三看、二闻、一尝”

三看

一看外观：外观包括条索、嫩度、色泽、净度等。茶叶在贮藏过程中，构成茶叶色泽的一些物质，会在光、气、热的作用下被缓慢分解或氧化。如绿茶中的叶绿素分解、氧化，会使绿茶的色泽变得枯灰无光。而茶褐素的增加，则会使绿茶汤色变得黄褐不清，失去原有的新鲜色泽。

好茶要求色泽均匀，光泽明亮，油润鲜活，如果色泽不一，深浅不同，暗而无光，说明原料老嫩不一，做工差，品质劣。陈茶翻新后茶色仍深暗，新茶茶色则十分嫩绿、光润。对于翻新茶一定要提高警惕，对那些绿得过于鲜艳的茶叶，可取少量放在手心，用手指蘸点水捏一下茶叶，如果手指上留下了绿色的痕迹，就证明这种茶叶染过色。此外，如果茶水颜色碧绿，而且泡了几次后仍是碧绿色，这种茶叶就很可能是翻新茶。因为真的新茶天然绿色很容易在烫水中褪去，只有化学的绿色素不易褪色。

新茶的叶子一般裹得较紧，显得肥壮厚实，有的还有较多毫毛，色泽鲜润；陈茶则叶子松散，颜色暗，与新茶有很大区别。还有，新茶要比陈茶干，新茶要耐储存，需要足够干燥。受过潮的茶叶含水量都较高，不仅会严重影响茶水的色香味，而且容易发霉变质。用手指捏一捏茶叶，可以判断新茶的干湿程度。可取一两片茶叶用大拇指和食指稍微用力捏一捏，能捏成粉末的是足够干的茶叶，若捏不成粉末状，说明茶叶已经受潮，含水量较高，这种新茶容易变质且品质值得怀疑。

此外，现在销售生产的茶叶均应贴有QS（企业食品生产许可）

标志，否则不得销售，因此在购买茶叶时也可以确认一下茶叶包装上 QS 标志和证号是否齐全。

二看汤色：茶叶被开水冲泡后的汁液呈现的色泽叫汤色。汤色有深浅、亮暗、清浊之分。陈茶翻新后的茶叶泡后汤色浑浊；冲泡新茶，则汤色清晰。绿茶最理想的水色是清碧、纯净、明亮，低级或变质的茶叶，则水色浑浊而晦暗。

三看叶底：叶底就是经冲泡后的茶叶片，看它的均度、色泽及老嫩程度。芽尖及组织细密而柔软的叶片愈多，表示茶叶嫩度愈高。叶质粗糙而硬薄，则表示茶叶粗老及生长情况不良。色泽明亮调和且质地一致，表示制茶技术处理良好。陈茶翻新的茶叶冲泡后，叶底发暗；新茶冲泡后，叶底明亮，呈黄绿色。像毛峰、毛尖、银针等"茸毛类"茶，新茶嫩芽表面的绒毛多，翻新后的绒毛就很少了。

二闻

首先一闻是对干茶的气味鉴别，拿一撮茶叶放在手掌中，哈口气使茶叶微热后细闻气味，判断一下香气是否纯正和持久。无论哪种茶都不能有异味，有烟味、焦味、霉味、馊味等不良气味都不合格。翻新茶的干茶则香气浓而不自然。

二闻是最易判别茶叶质量的，就是闻冲泡之后茶水散发的香气，购茶时尽量要冲泡后尝试一下。茶叶经开水冲泡加盖静置五分钟后闻气味，陈茶本身有陈香味，翻新后带有高火味、焦味，有的翻新茶闻时感觉香味过于浓郁冲鼻，而新茶则气味清香。正常的铁观音可以泡七次甚至十多次，但翻新茶只泡三四次就明显感觉香味不足。市场上还有一些"保鲜茶"，是放在冰箱里冷藏，在外观上和新茶区别不大，冲泡后鲜味明显不及新茶。

一尝

等茶汤温度降至45～50℃时，取1/3汤匙快速吮入口中，茶汤入口后在舌头上循环滚动3～4秒，分辨汤质的苦甜、浓淡、爽涩、鲜滞及纯异等，同时宜将口腔中的茶叶香气经鼻孔呼出，再度评鉴。翻新茶的汤质明显淡而无味，没有好的新茶尝后回味甘甜的感觉，质量差的茶更是口味苦涩、有异味。

茶不是越新越好

买到了真正的新茶也不要过于兴奋，马上就泡来喝，因为新茶多饮会“醉人”。刚摘下制成的茶中，含有活性较强的鞣酸、咖啡因、生物碱等生化物质。如大量饮浓茶，新茶中的咖啡碱及多种芳香类物质会使人的神经系统极度兴奋，似酒醉一般出现血液循环加快、心率加快等现象，还会使人感到心慌。

此外，新茶中的活性生物碱对人亦有较强的生理作用，若大量饮用，可导致体内生物碱积聚，也会像酒醉一样使人体温升高、头晕脑涨、四肢无力、冷汗淋漓、失眠，甚至出现肌肉颤动等症状。此外，新茶如果存放时间短，其所含的未经氧化的多酚类、醛类和醇类都会比较多，这些物质对人的胃、肠黏膜有较强的刺激作用。因此，胃肠功能较差的人，尤其是慢性胃炎患者，饮了这种茶水就容易引起胃痛、腹胀。为了确保健康，对于新茶存放不足半月的应忌饮，特别是刚买的现炒茶不要马上喝。

那么买回来的新茶如何保存呢？四个字：低温隔氧。最好放在冰箱的冷冻室，如温度在5℃以下，可储存一年以上。由于冰箱内较潮湿，放置各种食品容易串味，因此放置茶叶的容器，必须密封良好，最好加包质量好的除氧剂。需要取用品饮时，从冰箱里取出后，拆开塑料袋，最好不要急着马上品饮，而是摆放一段时间，让茶叶在空气中“醒一醒”，适应一下外界的温度再泡饮，效果更好。

小贴士

辨体质选茶是茶道养生的重要基本功之一，因为并不是喝各种茶都对所有人有益。我们常常看到某些人喝龙井茶或花茶后就一个劲要上厕所，泻得很厉害，以致不再喝茶；也有的人喝茶后会出现便秘；更有人喝茶后饥饿感很严重；有的人喝茶会整夜睡不着；有的人喝茶后血压会上升；还有的人喝茶会像喝醉酒一样。这是因为每个人的体质情况不同造成的。

脑力劳动者宜喝绿茶。青春期人群可以绿茶为主，如果将茶冲得淡一点，儿童也可以喝。此外，还可以让孩子们饭后以茶汤漱口。在日本，就非常提倡小学生饮茶，因为大量调查结果显示，喝茶的孩子比不喝茶的孩子发生蛀牙的概率要小很多。

老年肝肾阴虚或阴阳俱虚可饮用红茶。肠胃较弱的人也可以喝红茶。红茶是一种发酵茶，比绿茶含有更多的咖啡碱，提神利尿的功效也较绿茶要好。

女性可喝花茶。少女经期和妇女更年期，情绪不安，饮花茶可以疏肝解郁，理气调经。

糖尿病患者喝白茶。白茶是指茶叶上披满白色茸毛的茶，最有名的当数福鼎大白茶。白茶的茶性清凉，加工中未经炒、揉，任其自然风干，茶中多糖类物质基本未被破坏，是所有茶中茶多糖含量最高的。

提神选择乌龙茶。乌龙茶有较好的降血脂、降低胆固醇、助消化的功效，且有较强的提神效果。

“肉食者”适合黑茶。黑茶加工中因经过后发酵工序，茶性更温润，去油腻、去脂肪、降血脂功效更显著。平时饮食结构以肉制品为主的消费者可选择黑茶，如湖北的青砖茶或云南的普洱茶等。

图书在版编目（CIP）数据

名医话养生 ：老马识“毒”/ 马志英编著 . -- 上海：上海科学技术出版社，2014.7
ISBN 978-7-5478-2268-5

Ⅰ . ①名… Ⅱ . ①马… Ⅲ . ①食物安全 Ⅳ . ① TS201.6

中国版本图书馆 CIP 数据核字 (2014) 第 129812 号

责任编辑 石启武 田肖霞 张隽
装帧设计 龚文婕

名医话养生：老马识“毒”
马志英 著 《名医话养生》节目组 编

出　版　上海世纪出版股份有限公司
　　　　上海科学技术出版社
　　　　(上海市钦州南路 71 号 邮政编码 200235)
出　品　上海世纪出版股份有限公司　北京世纪文景文化传播有限责任公司
　　　　(北京朝阳区东土城路 8 号林达大厦 A 座 4A 邮政编码 100013)
发　行　上海世纪出版股份有限公司发行中心
印　刷　浙江新华数码印务有限公司
开　本　680×980 1/16
印　张　13.5
插　页　2
字　数　139 千字
版　次　2014 年 7 月第 1 版
印　次　2014 年 7 月第 1 次印刷
I S B N　978-7-5478-2268-5/R · 748
定　价　36.00 元